AF894084

Gottfried Kohlhase

Naturschätze im Torgauer Land
Auf Pirsch

Impressum

Bibliographische Information der Deutschen Nationalbibliothek
Die Deutsche Nationalbibliothek verzeichnet diese Publikation in der Deutschen Nationalbibliographie; detaillierte Daten sind im Internet über http://dnb.ddb.de abrufbar.

ISBN 978-3-86729-315-0

1. Auflage 2025

(Sax-Verlag, Inh. Birgit Röhling, Eibenweg 62, 04416 Markkleeberg,
Mail: kundenservice@sax-verlag.de, Web: www.sax-verlag.de)
Umschlaggestaltung / Layout: Birgit Röhling, Markkleeberg
Herstellung: Thomas Druck Leipzig GmbH / Müller Buchbinderei GmbH Leipzig

Gottfried Kohlhase

Naturschätze im Torgauer Land
Auf Pirsch

Sax Verlag

Für meine Frau Irmgard und meinen Sohn Falk

Bemerkungen zum Pirschtagebuch

Viele Jahre lang gewährten mir meine Pirschgänge in die Torgauer Umgebung die Chance, die Schatztruhe der Natur in unserem Kreis zu öffnen und aus ihren Schubläden viele Juwelen herauszuholen und zum Leuchten zu bringen. In 24 Tagebüchern gelang es mir, die Artenvielfalt von Flora und Fauna sowie einzigartige Begegnungen mit den Tieren und großartige Naturerscheinungen festzuhalten. Ich erlebte eine Vielzahl von Momenten, Auge in Auge mit Bibern, Füchsen, Hasen, Eisvögeln, Feldgrillen oder Seeadlern. Meine fast täglichen Pirschgänge zu jeder Tages- und Jahreszeit eröffneten mir immer wieder die Möglichkeit, zur richtigen Zeit am richtigen Ort zu sein, um die kleinen und großen Naturwunder in Augenschein zu nehmen; sehr groß ist deshalb auch mein Fotoarchiv. Dies gestattet mir Tier, Pflanze und Landschaft in ihrer ganzen Schönheit sowie Eigenart im Bild wiederzugeben. Mit meinen Gedichten und Kommentaren anderer Autoren erhält eine Vielzahl der vorliegenden Texte eine heitere Note sowie eine besondere Würdigung.

Bei der Durchsicht der Tagebücher entdeckte ich noch zahlreiche ungehobene Schätze, die mit Erscheinen dieses Buches ans Licht der Öffentlichkeit gebracht werden sollen. Die Mehrzahl der Texte sind ausgewählte und bearbeitete Tagebucheintragungen. Die einzelnen Pirschtage-Beiträge sind chronologisch geordnet.

Meine Pirschgänge und Tagebuchaufzeichnungen dokumentieren zugleich den Rückgang der Tierpopulation in der Region. Von der Beutelmeise gibt es seit Jahren von mir keinen Nachweis, ebenso für den Wiesenpieper und den Raubwürger sowie vom Rebhuhn als Brüter. Auch die Rohrweihe ist rückläufig. Seit sechs Jahren brütet kein Roter Milan mehr in den Bennewitzer Teichen, in den 1990er Jahren waren es noch zwei Paare. Der Rückgang beträgt in der BRD bezogen auf das Jahr 1980 bei der Feldlerche 55%, dem Braunkehlchen 57%, dem Rebhuhn 91% und dem Kiebitz 93%. Es sieht also nicht rosig aus für alles, was da kreucht und fleucht. Doch es gibt auch Lichtblicke: Für Seeadler, Kranich und Graugans ging es in den letzten 30 Jahren stetig aufwärts. Ihre Bestände sind aktuell stabil. Der Lebensraumverlust durch Bauvorhaben und die Errichtung von Photovoltaikanlagen sowie Windrädern war noch nie so groß wie gegenwärtig. Leider hat die Torgauer Zeitung ihre Umweltseite herausgenommen, die mehrere Jahrzehnte mit Beiträgen von den Torgauer Naturschützern gestaltet wurde. Die Naturschützer aus der Region waren und sind unverzichtbare, kritische und mahnende Beobachter und zugleich fachkompetente Gesprächspartner für Natur und Umwelt. Sie besitzen die besten Kenntnisse der Probleme und Konflikte vor Ort und können damit wertvolle Hinweise zur Verminderung des Artensterbens sowie zur Erhaltung der biologischen Vielfalt geben.

Zu den wichtigen Aktionen der Torgauer Naturschützer zählen das Pflanzen von Ulmen, Stieleichen, Weiden, Strauchweiden und Schwarzpappeln in der Torgauer Region mit dem Schwerpunkt Elbaue.

Zur Auswahl zählen auch einige Beiträge, die ich für die Torgauer Zeitung geschrieben habe. Mit aufgenommen wurde die Veranstaltung zum 25-jährigen Jubiläum des Biberhofes des NABU. Seit seiner Eröffnung 1995 hat er sich als ein Ort für Umweltbildung in der Region bewährt und ist von entscheidender Bedeutung für die Organisierung und Umsetzung des ehrenamtlichen Naturschutzes im Kreis.

Die Auswahl der Pirschtage ist bunt wie ein Regenbogen. Sie sind ein Dokument über das Werden und Vergehen der Natur, über eine einzigartige Flora und Fauna unserer Heimat. Wer sie aufsucht, sie zu entdecken, erlebt Abenteuer, die begeistern. Die Natur zählt zu unserer unverzichtbaren Lebensquelle, die es gilt, zu wahren und zu schützen. Sie braucht uns nicht, wir brauchen sie jedoch an jedem Tag. Werden wir zu einem Anwalt der Natur – mit Herz und Verstand!

Pirschtag, Anfang März 1993

Großer Teich Torgau. Wanderung auf dem Dammweg und im Uferbereich des Teiches. Böschung vereist. Eiszapfen hängt neben Eiszapfen. Einzigartig.

Wetter: Begegnung von Winter und Frühling. Nachtfröste. Raureif. Stürmische Tage mit Plustemperaturen.

Es ist Anfang März. Winter und Frühling reichen sich die Hände. Der Große Teich Torgau ist offen und ohne Eis. Die Tagestemperaturen liegen bei 5°C. Der Nachtfrost führt zu Raureif und hinterlässt eine winterliche Zauberlandschaft. Die Eiskristalle glitzern und funkeln in der Morgensonne und stimmen mich froh auf meine Wanderung auf dem Dammweg ein. Gestern wehte es frisch, oft mit starken Böen, über den Teich. Der Westwind klatschte die Wellen an das Steilufer, ließ sie zu Fontänen, zu breiten Schwallen und zu Sprühregen werden, sodass die Böschung mit ihrem Gesträuch immer wieder neues Wasser erhielt. Als dann in der Nacht die Temperaturen Minusgrade erreichten, die Wettersituation unverändert blieb, handelte der Nachtfrost. Im Licht der Sonne, die den Tag begleitete, bekam ich Erstaunliches, ja Einmaliges zu sehen.

Am Abfluss, beginnend über den gesamten Dammweg bis zur Sitzeinrichtung des Teiches, waren Ufer und Böschung vereist. Im Gegenlicht der Sonne erlebte ich eine Märchenwelt. Eiszapfen hingen in den Ästen der Sträucher und an den Bäumen, die nahe am Wasser standen. Unterschiedlichst waren sie geformt und gestaltet. Ich sah einen neben dem anderen hängen, lang oder kurz, dünn oder dick. Viele waren glatt, andere gerillt oder wiesen Ringe auf. Viele Zapfen hatten dicke Enden mit perlenartigen Verzierungen. Einige von ihnen stellten sich als schöne Fächer vor. Aber auch die Äste bekamen eine eisige Last zu tragen. Dick und durchsichtig wirkte ihre Kristallhülle. Ich sah einen kleinen Strauch einer Eiche am Ufer, dessen braune, vom Eis eingeschlossenen Blätter an Bernsteinfunde erinnerten. Begeistert von dieser Eiswelt zog ich mir die Gummistiefel an, um im Flachwasser am Ufer entlangzulaufen. Ganz nah wollte ich dieser Eisschönheit sein. Damit vergrößerte sich mein Einblick, das Erkennen von Kristalldetails. Jetzt bekam ich den Uferrand zu sehen, an dem die Wellen zahlreiches Schwemmgut abgelagert hatten. Große Steine und einige Baumstümpfe sind ebenfalls Teil des Ufers. Dem Frost war das natürlich recht und so erhielt er die Chance, einen Stein nach dem anderen, Baumstumpf für Baumstumpf und alles Schwemmgut zu funkelnden Eisgebilden zu formen. Ich sah eine Entenfamilie bei der Futteraufnahme, Eisburgen mit Türmen und geheimnisvolle Eisschlösser sowie Orte, wo scheinbar die Drachen hausen. An einer Stelle schien der Kopf eines Mannes aus dem Eis zu schauen. Je länger ich verweilte, umso märchenhafter wurde mir das Teichufer. Zwei Tage war die Zauberwelt des Eises zu sehen, dann zog Tauwetter durch das Land. Am Ufer geriet das Wasser in Bewegung. Ein Eiszapfen nach dem anderen löste sich von Strauch und Baum und fiel klatschend in den Teich. Ade – eisige Schönheit. Wandel ist das Gesetz der Natur.

Pirschtage bei den Silberreihern

An den Bennewitzer Teichen, dem Großen Teich Torgau, der Loßwiger Feldflur, den Melpitzer Wiesen. Erstbeobachtung 1993, Aktuelle Beobachtung 2023.

Klimaentwicklung seit 1993: Wärmer, trockener, Zunahme der Unwetter.

Als ich am Königsteich 1993 erstmals den Silberreihern begegnete, sollte dies ein bleibendes Sympathieverhältnis werden. In ihrem schneeweißen Gefieder, ihrem Engelsgewand, zählen sie zu den vornehmsten Vogelgestalten der Teiche. In den 1980er Jahren noch eine Rarität, so sind sie heute eine normale Erscheinung an unseren Gewässern. Haben sie erstmal einen fischreichen Teich entdeckt, finden sie sich bald in großer Zahl ein. So zählte ich 2015 im Großen Teich Torgau zwischen 200 und 220 Silberreiher, aber nur 36 Graureiher.

Die Nähe zu ihnen gewährten mir vor allem die Bennewitzer Teiche mit ihrem Königsteich. Hier gestattet mir die Struktur des Gewässers mit seiner hinteren Bucht, dem Restdamm sowie dem Röhricht gute Ansitze mit dem Tarnzelt. Je nach Vogelsituation wechselte ich den Ansitzplatz. Als in der Bucht das Wasser niedrig stand, wählten die Kraniche diese zu ihrem Rastort. Das veranlasste mich, mir einen Weg durch Schilf und Rohrkolben zu schneiden und das Zelt am Ende des Röhrichtgürtels aufzubauen. Um es »unsichtbar« zu machen, erhielt es eine Röhrichtverkleidung, die ich mit grünem Gärtnerdraht befestigte. Damit hatte ich einen günstigen Beobachtungsort, zu dem ich schleichen konnte, ohne die rastenden Vögel zu stören oder zur Flucht zu veranlassen. Dieser Ansitz ermöglichte mir eine Vielzahl von einzigartigen Begegnungen mit den Tieren des Teiches. Dazu zählen die mit den Bibern, Wanderratten, Waschbären und Fischottern. Herauszustellen sind die Porträts von der Rohrweihe, dem Seeadler, den Limikolen, Kiebitzen, Kranichen und Reihern. Hier erhielt ich die schönsten Vogelaudienzen, nah und ungestört bis zu fünf Stunden am Tag. Jetzt bekam ich Details bei den Silberreihern zu sehen, die mir bisher verborgen geblieben sind oder die ich übersehen habe. Vor allem, wenn er sich in seinem Prachtkleid vorstellt, bei welchem die Schmuckfedern verlängert und die Schulterfedern aufgefiedert sind, können wir eine

Reiherschönheit bestaunen. Als ich ihm bei der Morgentoilette zusah, schien es mir, als würde er seine filigranen Schmuckfedern behutsam und mit Andacht kämmen. Die Zunahme der Silberreiher wird sicherlich auch vom Klimawandel begünstigt. Harte und lange Winter bleiben aus. Das veranlasst auch immer mehr von ihnen, hier vor Ort zu bleiben. Bisher konnten aus dieser Verhaltensweise noch keine Brutabsichten abgeleitet werden. In unserer Region brüteten noch keine Silberreiher. Ich konnte die Hierbleiber an den Teichen, offenen Flüssen und Gräben, besonders aber auf den Feldern und Wiesen feststellen, wo sie Mäuse fangend unterwegs sind. Auf einer mehrjährigen Brache entdeckte ich 2019 achtzehn weiße Jäger. Einen wählte ich mir zur Dauerbeobachtung aus. In der Zeit meines Ansitzes verschwanden fünf Mäuse in seinem langen Hals. Zwei Tage später war die Brache mäusefrei und kein Reiher mehr zu sehen. Ohne die Nagetiere würden die Reiher die Winterzeit kaum überleben. Als 2010 die Gewässer zufroren und Schnee die Felder und Wiesen bedeckte, fand ich einige verhungerte Grau- und Silberreiher; zwei vor dem letzten eisfreien Loch im Graben.

Bei meinen aktuellen Ansitzen im Juli 2023 an den Bennewitzer Teichen zählte ich insgesamt 15 Silberreiher und sieben Graureiher. Zu hören bekam ich nur die Grauen, die entweder laut krächzten, als sie mich beim Einfliegen entdeckten, oder wenn es Streit gab um den Fangplatz. Aber die Silberreiher sind auch zu hören, wenn sie vor Gefahren warnen. Es sind leise, ratternde Rufe, die weniger auffallen. Meist ist er jedoch stumm. Können sie auch nicht mit ihrer Stimme und den Rufen für sich werben, so ist ihre weiß schimmernde Gestalt ein Vogeljuwel. Rasten sie in großer Anzahl im Gewässer oder durchschreiten sie es, wird dies zu einer Märchenlandschaft. Als sich die Farben des Herbstes im Teich reflektierten und sich mit den weißen Vögeln mischten, glaubte ich, eine Fata Morgana zu erleben.

Pirschtag, Mitte März 1997

Großer Teich Torgau mit Schlittschuhläufern Groß und Klein. Der Winter ist auf dem Rückzug. Die Eisdecke schwindet und zerfällt in Stücke. Eiswellen am Ufer.

Wetter: Der nahe Frühling lässt den Wind tanzen und springen. Orkanartige Böen. Die Temperaturen erreichen 12°C. Die Luft riecht nach Veränderung.

Der Teich ist seit einigen Wochen zugefroren. Die Eisdecke dick und stark, gewährte den Torgauern endlich wieder die Freuden des Winters zu genießen. Groß und Klein waren auf dem Eis unterwegs: zu Fuß, mit dem Schlitten, dem Fahrrad und den Schlittschuhen. Kinder konnte man sehen, die erstmals ihre Schlittschuhe ausprobierten. Wacklig schien noch ihr Lauf. Oft wurden sie von den Eltern gehalten und geführt und vom Gebell des Hundes begleitet. An einer Stelle standen kleine Tore. Hier spielte eine Gruppe Jugendlicher Eishockey. Bis zum Sonnenuntergang war man auf dem Eis. Fünf Graureiher hatten sich den Teich zum Schlafplatz ausgewählt.

Doch der Frühling ist nicht aufzuhalten. Seit Tagen fressen sich die warmen Temperaturen in das Eis und der andauernde Westwind treibt das brüchige, in Schollen zerfallende Eis in Richtung Osten. Kleiner und kleiner werden die Schollen. Millionen kleiner Eisstücke treiben zum Abfluss und stauen sich dort. Hier höre ich das Lied des Eises. Es ist ein klirrendes Rauschen – das Abschiedslied des Winters, das durch das Aneinanderreiben der Eisstücke entsteht. Am 26. März beginnt der Frühling mit der Entscheidungsschlacht gegen den Winter am Teich. Die Ankündigung dafür liegt bereits einige Tage zurück. Stunde für Stunde wird der Wind stärker. Aus dem Wind werden Stürme mit orkanartigen Böen. Die Eisstücke tanzen, werden geschoben und gehoben und als Eiswellen auf Ufer und Land gelegt. Durchfegt eine Sturmböe den Abflussbereich und die Zufahrt zum Teich, reißt sie Eisstücke mit und drückt sie in diese Abschnitte, sodass große Aufschüttungen entstehen. Treppe und Zufahrt werden dadurch verbarrikadiert und verwehren mir den Zutritt. Ich stehe und staune über ein Winterereignis, über den unvergesslichen Abschied des Winters und freue mich auf den Frühling.

Pirschtage, August – September 2012

Königsteich. Biberbegegnung Auge in Auge. Beginn Ansitz 14.08, Ende 22.09. Wanderrattenfamilie.

Wetter: Der August ist mit 48 mm Niederschlag mäßig feucht. Die Temperaturen liegen zwischen 22°C und 26°C.

Wer Abend für Abend – und dies über einen Monat – als stiller Beobachter an »Meister Bockerts« Familienleben teilnehmen kann, erlebt Begegnungen und Verhaltensweisen der Biber, die überraschen und amüsieren. Zumal diese freiwillig und ohne Zwang verliefen. Sie zählen für mich zu den schönsten Momenten mit den Bibern.

Hauptakteur ist ein Jungbiber. Er gehört zu der hier angesiedelten Familie, die sich aus dem Muttertier und dem dreiköpfigen diesjährigen Nachwuchs zusammensetzt. Er war der Erste, der den Kontakt zu mir suchte und der keinen Abend ausließ, um sich seine Äpfel zu holen. Von mir erhielt er den Namen »Max«. Damit erfreute ich auch meinen gleichnamigen neunjährigen Enkel, für den die Biber die liebsten Tiere der Welt sind.

Während der vielen Audienzen wurde ich für Max immer mehr zu einem Wesen, dem er vertraut, dessen Stimme er kennt und von dem er weiß, dass von diesem keinerlei Bedrohung für sein Leben ausgeht. Für ihn war ich ein Freund geworden, den er sowohl mit den Augen, besonders aber am Geruch erkannte und mit dem die Delikatesse »Apfel« verbunden ist. Für die Herausbildung dieser Vertrauensbeziehung brauchte ich sechs Ansitze. Erst dann konnte ich ihm beim Verzehr zusehen. Bis zu diesem Zeitpunkt holte er sich den Apfel vom Futterplatz, dem Teichdamm, lief damit zum Wasser herunter, um ihn dort am Ufer unterhalb der Böschung zu fressen. Einen Beweis seines Vertrauens zu mir sah ich darin, dass das Verspeisen bald mit dem Rücken zu mir erfolgte.

In den ersten Ansitzen zeigte sich Max abwartend und prüfend, doch stets auch neugierig. Die Fluchtdistanz zu mir lag zwischen vier und sechs Metern. Um eine kuriose Episode wiederzugeben, muss ich den Ort der Beobachtung erläutern. Dieser ist ein alter, schmaler, ehemaliger Teichdamm, der etwa 60 Meter in den Teich hineinführt. Rechts wird der Damm von einem Graben und links vom Teich begrenzt. Max kam bei seiner ersten Audienz aus dem Bau, der etwa 20 Meter vor meinem Standort liegt. Dies ist die Sommerresidenz der Familie, die sich gegenüber der Hauptwohnung befindet. Als er mich im Graben schwimmend erreichte, nahm er sich Zeit, um mich aus sicherem Abstand ausgiebig zu begutachten. Gespannt wartete ich auf seine Reaktion. Sie endete damit, dass er abtauchte. Wie intensiv ich auch den Graben beobachtete, der Biber ward nicht mehr gesehen. War ich für ihn der böse Mensch? Doch plötzlich hörte ich links von mir – auf der Teichseite – Wassergeplätscher. Es klang wie der Versuch des Aufklatschens mit der Biberkelle. Und zu sehen war ein Jungbiber, der gerade wieder untertauchte. Eine Weile war es still, bis rechts im Graben erneut die Nase eines Bibers erschien. Verwundert stand ich auf und fragte mich, was hier vorgeht? Dann begriff ich das Geschehen: Die Biber hatten den Teichdamm, der mein Ansitz war, durchgraben. Max war durch die Erdröhre von einer Seite des Gewässers zur anderen gelangt.

Eine weitere, sich häufig wiederholende, ergötzliche Verhaltensweise war zu erleben, wenn er vor zum Futterplatz hochkrabbelte. Es schien ihm Vergnügen zu bereiten, an dem etwas versteckten Kegelstumpf einer Erle hochzuklettern und von dort nach mir Ausschau zu halten, um dabei zu gucken, ob denn schon die Äpfel ausgelegt sind. Aber vielleicht zählte diese Aktion auch zu seinem Sicherheitsbedürfnis.

Überhaupt war Max ein fröhliches und fideles Biberkind mit einem regen Spieltrieb. Sobald sich nämlich die Bibermutter der Fütterungsstelle näherte, schwamm er übermütig vor ihr her und hin, tauchte mehrmals ab und versuchte, auf ihren Rücken zu kommen. Einmal hielt er sich sogar an der Kelle fest und ließ sich mitziehen, bis sie verärgert abtauchte.

Bekam ich die beiden anderen Bibergeschwister nur aus der Ferne zu sehen, so überwand die Bibermutter nach mehreren Ansitzen ihre Scheu zu mir. In meinem Tagebuch hatte ich vermerkt: Der Altbiber schwimmt den Graben entlang, verweilt kurz vor dem Ansitz, um mich zu beobachten, taucht ab und verschwindet. Nach fünf Tagen sitzt sie neben Max bei den Äpfeln. Allerdings erschien sie immer etwa eine halbe Stunde später als ihr Nachwuchs. Sie hatte es meist eilig zu den Äpfeln zu kommen, denn davor saß schon Max. Ich empfand ihren Kontakt zu ihm unfreundlich und futterneidisch. Sie knurrte ihn an und schob ihn zur Seite. Sie zeigte mir auch nie den Rücken. Immer behielt sie mich im Auge. Auf das Verhalten der Mutter reagierte Max jetzt häufig in der Weise, dass er einen Apfel zwischen die Zähne klemmte und damit einen ungestörten Ort aufsuchte. Ich konnte sogar einmal beobachten, wie er mit zwei Äpfeln im Maul davonzog, einem roten und einem grünen.

Meine stillen Beobachtungen bis zum Eintreten der Dunkelheit erlaubten mir auch eine Tierart zu sehen, die noch heimlicher lebt als die Biber – die Wanderratten. Zwischen vier und sechs liefen auf dem Damm umher und vertilgten die übrig gebliebenen Äpfel. Noch nie hatte ich eine solche Gelegenheit, Wanderratten zu beobachten. Sie unterschieden sich nicht nur in der Größe, sondern auch in der Farbe voneinander. Ich erkannte dunkelbraune, graue und fast schwarze Tiere. Auch sie verloren weitestgehend ihre Scheu vor dem Menschen. Gestört wurden sie von mir nicht. Als ich später einen skelettierten Jungbiber fand, konnten nur die Ratten die Verursacher des Fundes sein. Die Ursache für den Tod des Bibers bleibt im Dunkeln. Dass die Ratten ihn töteten, scheint jedoch unwahrscheinlich.

Pirschtag, 24.07.2014

Zu den Melpitzer Blumenwiesen. Tag der Hasen. Hasenhochzeit. Im Auto-Beobachtungsansitz. Kranichpaar äsend unterwegs.

Wetter: Ein Tag mit Himmelblau. Sommerschön. Blätterflüstern.

Wie sich die Bilder gleichen. Zu jeder Pirsch begrüßt mich die Goldammer auf dem Koppelpfahl. Auch heute. Sie bleibt sitzen, wenn ich an ihr vorbeifahre. An der Umfluterbrücke steige ich aus dem Auto, meinem Beobachtungsansitz. Dieser ist die Gewähr dafür, dass die Tiere die Fluchtdistanz zu mir verringern. Ich sehe meine beiden Hasen auf der Wiese mümmeln. Sie sind mir vertraut, wie die blühenden Flockenblumen. Ich steige wieder ein, um den Hasen ganz nah zu sein. Staunen! Staunen! Wie es scheint, ist der 24. Juli zum Hochzeitsmarkt der Hasen ausgerufen. Ich sehe neun von ihnen kleine und große Kreise laufen. Sie wollen einander kennenlernen, was sowohl mit Sympathie als auch mit Ablehnung ausfällt. Die ersten Backpfeifen werden ausgeteilt. Zwei mögen sich. Einer hat seine Auserwählte aus den Augen verloren. Er macht Männchen und spurtet dann los. Er hat sich wohl geirrt. Es hagelt Backpfeifen. Man legt eine Pause ein. Zum Fressen. Das Menüangebot ist reich und verlockend. Für jeden Feinschmecker ist etwas dabei: Wegerich, Löwenzahn, Weißklee, Wilde Möhre, Gänsefingerkraut, Hornklee und weitere Pflanzen. Bei der Auswahl des Menüs zerstreute sich die Hochzeitsgesellschaft. Zwei Hasen erheben sich zum Männchen. Das Rennen um eine Partnerin beginnt von Neuem. Neugierig schauen die zwei Kraniche herüber. Ein solches Hasentreiben haben sie auf der Wiese noch nicht gesehen. Auch für mich ist die Begegnung Hase – Kranich einzigartig. Ob mir wohl noch einmal ein solches Foto gelingt? Sechs asen im Vordergrund, zwei Kraniche dahinter. Der fröhliche Hasentag wird fortgesetzt. Man kommt sich nah, berührt einander. Läuft davon und dem Nächsten in die Arme. Die Begegnungen fallen sympathisch zueinander, neutral oder abweisend aus. Ich sehe Luftsprünge der Lebensfreude. Plötzlich, wie auf ein Kommando, rennt alles auseinander und davon. Kein Hase ist mehr zu sehen. Ich schaue umher, nach rechts, nach links, in den Himmel. Eine Ursache für ihre Flucht kann ich nicht erkennen. Man möchte fast glauben, hier liegt eine Zauberei vor. Es ist 12 Uhr mittags. Ist das die vorgegebene Zeit für die Hasen, ihr Glück zu finden?

Pirschtag, 10.10.2015

Königsteich. Neun Singschwäne mit Chorgesang. Mehrere Höckerschwäne und Silberreiher. Gänsesäger.

Wetter: Ein Tag mit Sonne, aber ohne Wind und mit guter Fotosituation bei 18 °C.

Als ich mit dem Fernglas den Königsteich absuchte, war eine Vielzahl von Schwänen unterwegs; verstreut als Einzelvögel, aber auch zu zweit. Ins Blickfeld bekomme ich dann eine Gruppe von neun Schwänen. Sie schienen mir schlanker zu sein als die Höckerschwäne. Als ich dann den Schnabel fixiere, der keinen Höcker aufweist und bei dem eine gelbe Schnabelwurzel zu erkennen ist, ist die Freude groß: Der Königsteich ist ein Aufenthaltsort der Singschwäne! Auf diesen froh machenden Moment, sie aus der Nähe beobachten und hören zu können, warte ich schon lange. Ich wollte und musste ihnen ganz nahe sein. Also muss ich mich heranschleichen. Die alte, ehrwürdige Stieleiche am Ufer soll mein Audienzplatz werden. Er gewährt mir den freien und weiten Blick zum Teich und zu ihnen. Auf den Knien robbe ich heran. Die Randvegetation am Dammweg, vorwiegend aus Landreitgras sowie Rohrglanzgras zusammengesetzt, gewährt mir einen guten Schutz. Behutsam bringe ich mich in die richtige Sitzposition. Nicht weit von mir ziehen sie langsam dahin. Aufrecht, den Hals gerade gestreckt, ist ihre Schwimmhaltung. Rege ist ihr Gespräch. Wohlklingend wird es zum Chorgesang der Gruppe. Leise ist er, verhalten und lieblich. Nicht schreiend. Eine Stimme, die den frühen Tag erwartungsvoll mit Freude begrüßt. Ich höre und sehe sie froh gestimmt im Chorgesang einander zugewandt, den ich als anhaltendes melodisches Summlied empfinde. Ich summe leise mit und freue mich über das Singschwanerlebnis. Alfred Brehm ist ausführlich auf die Stimme der Singschwäne eingegangen und hat dazu eine Vielzahl von Autoren zitiert. So lässt er den Naturwissenschaftler Pallas sagen: »Seine Stimme hat einen lieblichen Klang, wie die von Silberglocken; er singt auch im Fluge und wird weithin gehört, und das, was man vom Gesang des Sterbenden erzählt hat, ist keine Fabel; denn die letzten Atemzüge des tödlich verwundeten Singschwanes bringen seinen Gesang hervor.«

Der Höckerschwan ist nicht nur an seinem Schnabelhöcker zu erkennen, sondern auch an seiner Schwimmhaltung, die durch den s-förmig gebogenen Hals und den abwärts gerichteten Schnabel auffällt. Das macht ihn zu einem anmutigen Teichbewohner. Bei vielen Begegnungen mit ihm bekam ich nur ein abwehrendes Zischen zu hören. Singen kann er nicht. Beim Fliegen ist jedoch ein deutliches Schwingpfeifen zu hören. Der Schwan ist ein Sympathievogel. Ist er mit Nachwuchs unterwegs, wird er begeistert begrüßt. Er ist wehrhaft und wenn erforderlich, kann er auch sehr aggressiv werden. Als vor Jahren ein Höckerschwan im Angerteich in der Nähe des Dammweges brütete, traute sich bald kein Spaziergänger mehr, diesen Weg zu betreten. Der Schwanenmann stellte sich ihm, die Flügel ausgebreitet und laut zischend, entgegen. Wer es wagte, weiterzulaufen, bekam heftige Hiebe. Einem Jäger, den er mit dem Moped antraf, zerbeulte er die Verkleidung des Fahrzeuges. Revierkämpfe werden so heftig ausgetragen, dass sie tödlich enden können. Einen Unterlegenen konnte ich retten, als dieser unter Wasser gedrückt wurde. Mit einem großen Ast musste ich mich dabei verteidigen.

Schon drei Stunden bin ich Augenzeuge am Teich und höre den einzigartigen Chorgesang der Singschwäne. Ich schaue zu ihnen hinüber. Sie nicken einander zu. Dann erheben sie sich. Fliegen ohne Geräusch eine Runde und verlassen den Teich. Ich rufe ihnen ein frohes »Auf Wiedersehen« zu.

Pirschtag, 26.04.2017

Kiebitze brüten auf den Melpitzer Wiesen.

Wetter: Morgenrotschön. Es weht ein leichtes Lüftchen mit kühlendem Streicheln bei 15°C. Himmel etwas verhangen.

Unterwegs ab 8 Uhr. Als Mitte März noch immer die Stimmen der drei Kiebitzpaare zu hören waren, fröhlich und jauchzend, Wiese und Acker von ihren Balzflügen lebendig wurden, wusste ich: Sie werden hierbleiben und brüten. Endlich! Nun war ich derjenige, der vor Freude jauchzte. In jedem Frühjahr gaukelten sie durch die Melpitzer Wiesenlandschaft, ohne zu brüten. Ach, würden doch hier 20 Paare brüten, um einen Beitrag zu leisten, die Kiebitze vor dem Aussterben zu retten. Ihr Rückgang beträgt gegenwärtig 90 %. Auch im Melpitzer Naturraum sind die Kiebitze gefährdet, da sie auf einer Ackerfläche brüten. Diese gehört, wie die Wiesen, zum Naturschutzgebiet (NSG) Großer Teich Torgau. In den letzten Jahren als Grasland genutzt, wurde die Ackerfläche im Herbst umgepflügt. Wird sie jetzt bearbeitet, ist dies das Todesurteil für das Gelege oder den Nachwuchs. Mit Unterstützung der Naturschutz-Behörde, von mir informiert, gelang es, die Katastrophe zu verhindern.

Am 15. April entdeckte ich die Kiebitzmutter mit drei Küken. Zwergenhaft, durch ihr braun-weißes Daunenkleid bestens getarnt, turnten sie zwischen und auf den Erdschollen umher. Ob die Kiebitze bewusst die braunen Ackerschollen ausgesucht haben, weil die Farbe der Daunen teilweise mit den Schollen übereinstimmt und sie damit fast ungesehen bleiben? Will ich den Nachwuchs sehen, muss ich erst die Eltern fixieren. Folge ich diesen mit dem Fernglas, führen sie mich zu ihren Kindern. Die kühle, mit Regenschauern durchsetzte Witterung an diesem Tag veranlasst die Küken immer wieder, unter das Gefieder der Vogelmama zu kriechen. Für die Kiebitzeltern war es keine leichte Aufgabe, ihren quirligen Nachwuchs im Auge zu behalten, der beim Futtersuchen im Eiltempo die Höhen und Tiefen der Furchen nach Futter abläuft.

Der Kiebitzvater hat sich eine erhöhte Stelle für seinen Wächterposten ausgesucht. Eine Aufgabe, die er zuverlässig und erfolgreich ausübt. Jeder Vogel, der in den Kiebitzkindergarten eindringt, wird vertrieben. Ich sah ein Bachstelzenpaar, eine Feldlerche und mehrere Stare vor seinen Attacken fliehen. Treten Situationen auf, die ein Vogel allein nicht meistern kann, treten die Kiebitze gemeinsam in breiter Front auf. Einen solchen Fall bekam ich heute vorgeführt. Ein Nebelkrähenpaar ist in das Territorium der Kiebitze eingedrungen. Sie sind natürlich eine Gefahr für ihren Nachwuchs. Sofort stürzen sich sechs Vogelgeschosse auf die Eindringlinge, und zwar so heftig, dass diese keinen Zentimeter Boden gewinnen. Verärgert und laut schimpfend treten sie den Abflug an. Das gemeinsame Handeln ist lebenswichtig für Alt und Jung. Kiebitze sind mutig und greifen auch große Tiere, selbst den Menschen, an. Vom Großen Teich sah ich den Seeadler kommen, der den Kiebitzen ins Visier geriet. Als er über der Wiese kreiste, stürzten sich sechs mutige Vogelwächter auf ihn, umkreisten ihn schreiend und zwangen ihn zum Abflug.

Pirschtag, 31.05.2017

Wiesenmahd auf den Melpitzer Wiesen. Keine Kiebitzküken.

Wetter: Nach den heißen Vortagen von 32°C ist es heute mit 22°C angenehm. Der Wind weht erfrischend. Am Himmel ziehen Wolkenflugzeuge dahin.

Seit 10 Uhr bin ich im Melpitzer Wiesengebiet. Ich will weitere Motive für das Große-Teich-Buch sammeln. Der Holunderstrauch am Koppelweg ist noch nicht vollständig aufgeblüht. Überall steigen die Feldlerchen auf mit ihren Jubelstimmen. Einer der Pächter lässt seine Wiese mähen. Das Mähgut wird später zu Ballen gepresst und mit einer Plastikhülle luftdicht verschlossen. Ein Reh flüchtet laut schreiend vor dem Mähbalken. Ist es in Sorge um sein Kitz? Ich konnte nicht feststellen, dass der Pächter die Wiese nach Rehnachwuchs kontrolliert hat.

An den Wiesengräben blüht die Blasenspiere, deren Früchte feuerrot glänzen. Am Nachmittag bin ich wegen der Kiebitzfamilie unterwegs, welcher ich mich nur kurz am Vormittag widmen konnte. Auf dem bereits abgemähten Wiesenabschnitt an der Zinnaer Flut ist nur noch ein Kiebitzküken, nur von einem Elternteil behütet, auf Futtersuche. Eine Krähe, die sich dem Küken nähert, wird von der Hüterin verjagt. Kein Kiebitzvater, keine weiteren Kiebitze vor Ort. Das Küken hat damit kaum eine Chance zu überleben. Bejagen gleichzeitig mehrere Krähen dieses, ist die Kiebitzmutter mit der Abwehr überfordert. Ein Tag später: Keine Kiebitze zu entdecken.

Pirschtag, 02.06.2017

Teich Staupitz. Eichenpfuhl. Geflecktes Knabenkraut. Wind.

Wetter: Sommertag. 26 °C. Gewitter am Vortag. 22 mm Niederschlag. Erfrischt und froh leuchtet die Wiese.

Der Tag wischt sich den Schlaf aus den Augen. Der Wind treibt den Nebel aus dem Land. Die Sonne erhält das Recht zum Regieren. Der blaue Himmel lächelt und küsst die Wiesen trocken.

Der Feldteich Staupitz ist meine erste Station, meine erste Naturstunde. Am Ablassbauwerk lädt mich eine Bank zum Verweilen ein. Sie ist erst seit kurzem hier aufgestellt. Sie wurde vor Ort zu einer schönen Naturbank zusammengezimmert, von einem Weißhaarigen, der jeden Tag zum Teich wandert und einen Teil seines Lebensabends in Eintracht mit der Natur verbringt. Das Gewässer ist wunderschön geschmückt. Die Teichmusikanten warten bereits, dass ich Platz nehme. Ausgebreitet sehe ich eine Festdecke, seerosenschön von roter Blütenfarbe. Ich freue mich über einen Teichrohrsänger, der nur wenige Meter von mir im Schilf sein Begrüßungslied erschallen lässt. Ein Kuckuck fliegt ein, ruft einige Male. Aber meine Anwesenheit stört ihn und so fliegt er davon. Und dann hat der Vogelchor seinen Auftritt. Ich hatte sie bereits als Solisten üben hören: Mönchsgrasmücke, Amsel, Star, Pirol, Buchfink und Zaunkönig. Ob das langanhaltende Rufen des Krähenpaares Zustimmung oder Ablehnung bedeutet, konnte ich nicht klä-

Ein Ort der Stille

Es ist ein Ort der Stille.
Hier bleib ich und ruh.
Und ist es Gottes Wille
war es meine letzte Spur.

Die Kirchuhr hör ich schlagen
am Teiche hinterm Dorf.
Die zerbrochne Bank muß mich tragen,
wenn ich hör den Vogelchor.

Am Teiche blüht das Leben.
Auf dem Seerosenblatt hockt der Frosch.
Fische nach allen Seiten streben,
wenn die Ente ihre Küken lockt.

ren. Etwas verspätet meldeten sich die Teichfrösche. Zu einem großen Konzert reichte ihre Anzahl jedoch nicht. Die Zahl der Rotfedern, Groß und Klein, ist zahlreich.

Zur zweiten Naturstunde empfingen mich am Eichenpfuhl die Eichelhäher mit langanhaltendem, wütendem Geschrei aus dem angrenzenden Kiefernwald. Ich störe sie, nahm ihnen die Freiheit, Wald und Wiese nach Futter zu erkunden. Zutraulich sind sie nicht, denn mein Bildfundus von ihnen ist sehr bescheiden. Die besten Fotos gelangen mir am Kolk Werdau aus dem Autoansitz, als ein Eichelhäher dort trank und badete. Heute ist das Gefleckte Knabenkraut mein Pirschziel, das nirgendwo in unserer Region schöner und zahlreicher blüht als an diesem Standort. Vorsichtig und behutsam schreite ich durch die Blumenwiese, keine Orchidee darf unter meinem Tritt schreien. Ein Fallbaum wird für mich zum Sitz. Als Eindringling will ich für eine Stunde die Stimmen der Wiese hören, ihre Lieder, ihre Geheimnisse entdecken. Ich möchte den Tieren zuschauen, wenn sie ihre Verstecke verlassen, sie mich betrachten, als wär ich ein Teil der Wiese. Auf einer Brombeerranke neben mir klettert ein Laubfrosch nach oben. Jetzt erkenne ich noch weitere, überall sitzen grüne Flecken. Brehm bezeichnet ihn als einen der niedlichsten Lurche, die wir kennen, gewandter als alle übrigen, welche bei uns vorkommen, gleich befähigt, sich im Wasser, auf ebenem Boden sowie im Blattgelaube der Bäume zu bewegen. Ich glaube, heute ist ein Froschtag, denn weitere Frösche sind unterwegs: winzig klein sind sie – Teichfrösche. Immer mehr Einzelheiten aus dem Wiesenmosaik werden für mich sichtbar. Ich befinde mich nicht nur im Reich der Frösche, sondern auch im Reich der Spinnen. Wespengroß, wespenschön hängt sie mit dem Kopf nach unten in dem Radnetz, die vor Jahren nach Deutschland eingewanderte Wespenspinne. Ich schaue umher und entdecke immer mehr von ihnen. Hier und da hängen auch ihre Kokons in den Gräsern. Diese ungewöhnlich großen Gespinste sind die Quartiere für den Nachwuchs, in dem er lebend überwintert.

Ich sitze an der Westseite der Wiese mit dem größten Bestand des Gefleckten Knabenkrautes. Geschätzte Anzahl 1000–1500. Sie sind zu dieser Jahreszeit die dominierenden Blumen, die Schönheiten der Wiese und für zwei Monate der Blütenzauber des Eichenpfuhls. Beim genauen Hinschauen in das Meer der Knabenkräuter erkenne ich Pflanzen mit unterschiedlichen Blütenfarben. Diese können hell purpur, rosa bis fast weiß oder hellviolett ausfallen. Ein seltener Blumenstrauß fällt mir auf: Lungenenzian und Heidekraut vereinen sich zu einem Gebinde. Dazu kann ich nur sagen: einfach schön.

Der Eichenpfuhl ist ein Heideweiher, der durch Grundwasser und Niederschläge sein Wasser erhält. Seine Vertiefung bekam er durch das Austorfen. Die artenreiche Flora und Fauna war Anlass, diese als ein Flächennaturdenkmal (FND) zu schützen. Der Schutzstatus verhinderte jedoch nicht, dass er in regenarmen Jahren mehr oder weniger austrocknete.

Pirschtag, 17.08.2017

Der Eichenpfuhl ist mit Wasser gefüllt. Der Teufelsabbiss blüht. Schmetterlinge. Holzbiene. Taubenschwänzchen.

Wetter: Hochsommerlich. 30 °C.
Es fehlt der kühlende Wind. Der Himmel schmückt sich mit weißen Schleiern.

Nach dem ersten Blütenfest mit dem Knabenkraut erlebe ich jetzt das zweite – das Fest der blauen Blüten. Einige tausend Pflanzen des Teufelsabbisses haben die Wiese des Eichenpfuhls zu einem blauen Natursaal dekoriert. Ich sitze wieder auf dem Fallbaumtorso, der fast mit dem Teufelsabbiss zugewachsen ist. Mein versteckter Ansitz gewährt mir einen Kontakt in Augenhöhe mit den hochgewachsenen Pflanzen, die mit ihren blauen, kugeligen Blütenköpfen die Insektenwelt anlocken. Ich bin gespannt auf das Wiesenabenteuer. Der Sommertag hat den Eichenpfuhl weit geöffnet und so fliegt alles, was Flügel hat, krabbelt alles, was Beine hat, herbei. Am Blütenfest wollen eben alle teilnehmen. Und so bekomme ich, selbst zu einem großen Insekt auf meinem Ansitz geworden, eine Insektenschönheit nach der anderen zu sehen. Ein Mephisto fliegt ein: Schwarz ist sein Kleid, groß seine Gestalt. Die Klimaerwärmung hat uns die Holzbiene (größte Biene, Foto unten links) herbeifliegen lassen. Mir scheint, als würde jede Blüte umschwärmt, die Insekten in unendlichem Reigen durch den blauen Saal tanzen. Ich erlebe aber nicht nur den fröhlichen Tanz, sondern auch den Summchor der Insekten.

Ganz in meiner Nähe steht ein Schwärmer in der Luft, den Saugrüssel in die Blüte versenkt. Das ist auch die einzige Situation, um das Taubenschwänzchen im Bild festzuhalten. Kein Insekt fliegt schneller als ein Schwärmer: 200 – 300 Flügelschläge je Sekunde schlagen sie und erreichen eine Geschwindigkeit von 54 km/h. Sie können rütteln, blitzschnell wenden und pfeilschnell in eine andere Richtung rasen (Foto S. 25 rechts).

Bunt ist der Tanzreigen der Schmetterlinge, die hier in einem Schlaraffenland leben. Jede Art gewährte mir eine oder mehrere Audienzen, gestattete mir, sie wie in einer Gemäldegalerie in aller Stille zu betrachten – ganz nah oder weiter entfernt und aus verschiedenen Blickwinkeln sowie bei unterschiedlichen Lichtverhältnissen. Zu meiner zweistündigen Pirsch stellten sich ein: Feuriger Perlmutterfalter, Großes Ochsenauge, Zitronenfalter, Tagpfauenauge, Distelfalter, Admiral und Dickkopffalter.

Ungewöhnlich ist der Pflanzenname Teufelsabbiss. Wird er wörtlich genommen, hat der Teufel seine Hände im Spiel und er hat der Pflanze ein Stück abgebissen. Eine Sage berichtet, dass ein Mann seine Seele an den Teufel verkauft hat, um von ihm die Kenntnis über die Heilkräfte der Heilkräuter zu bekommen. Mit diesem Wissen gelang es ihm, viele Menschen gesundzupflegen, sie vor Depression zu bewahren und damit dem Teufel zu entziehen. Das gefiel dem Teufel nicht. Um der Pflanze die Heilkraft zu nehmen,

biss er dieser den Wurzelstock ab und den Mann machte er blind. Herumlaufend und tastend fand dieser jedoch die Stelle mit dem Teufelsabbiss, band sieben von ihnen zu einem Bund zusammen und hing diesen auf seinen nackten Rücken. Dieser intensive Hautkontakt gab ihm sein Augenlicht zurück. Der Vertrag mit dem Teufel war damit gebrochen und so konnte der Mann noch viele Kranke mit der Pflanze heilen.

Der lateinische Name des Teufelsabbisses heißt Succisa pratensis. Succisa ist von dem lateinischen Wort succisus abgeleitet und bedeutet so viel wie unten abgeschnitten. Gräbt man im Herbst eine Pflanze aus, sieht das am unteren Ende abgefaulte Rhizom (Wurzelstock) wie abgebissen aus.

Pirschtag, 25.04.2018

**Dorf Kaisa. Krausnitzbach.
Biber im Weidenzaun gefangen.**

Wetter: 24 °C. Wind mäßig, böig. Trocken. Gestreifter Himmel mit Wolkenschafen.

Ein Anruf aus dem Dorf Kaisa sollte mir heute ein ungewöhnliches Bibererlebnis bescheren. Die Familie Krämer informierte mich über einen Biber auf ihrer Wiese, der gefesselt vom Draht des Weidenzaunes auf der Wiese hockt. Ich hatte jedoch Zweifel, dass es ein Biber ist. Seit gut zehn Jahren gibt es in Kaisa und in dessen Umfeld keine Biber mehr. Eine Bestätigung dafür erhielt ich auch vom zuständigen Revierbetreuer. Da man mir aber am Telefon mehrfach mitteilte, das Tier hätte einen sehr breiten Schwanz, machte ich mich auf, den Ort der Bibertragödie aufzusuchen.

Die Wiese bildet einen Abhang, der bis zum Krausnitzbach reicht. Der Biber war den Bach aufwärts marschiert, teils schwimmend, teils laufend. Als er die Wiese zur Äsung aufsuchte, passierte ihm das Missgeschick: Beim Versuch, den Weidenzaun zu überwinden, umwickelte der Draht derartig seine Kelle, dass ein Weiterlaufen nicht mehr möglich war. Ihm verblieb reichlich ein Meter Bewegungsfreiheit. So versuchte er durch ein Eingraben in die Wiese, die Drahtfessel abzustreifen. Doch eine Befreiung gelang nicht. Er kämpfte bis zur Erschöpfung. Als ich den Draht mit der Zange zerschnitt und ihn aus seinem ausgegrabenen Loch heraushob, rührte er sich nicht von der Stelle. Eine Stunde später saß er noch immer am gleichen Platz. Erst viele Stunden später hatte er sich so weit erholt, dass er abwandern konnte.

Meister Bockert, ein zweijähriger Biber, der wahrscheinlich nach einem Revier unterwegs war, vielleicht auch eine Partnerin suchte, hatte Glück im Unglück. Ohne die Hilfe des Menschen hätte er dieses Mal sicherlich nicht überlebt.

Der Kaisaer Biber ist jedoch nicht der einzige Biber aus der Region, der sich im Weidenzaun verfangen hatte. 2017 musste einer aus dem Zaun am Schwarzen Graben bei den Melpitzer Wiesen befreit werden. Dass dieser auch für Rehe zur Todesfalle werden kann, bewies mir ein darin verendetes Reh, das ich als Skelett im Gehölz in der Nähe der Melpitzer Wiesen fand.

Pirschtag, 02.06.2018

Exkursion zur Alten Elbe Döbern, organisiert vom Landschaftspflegeverband. Ich führe die Gruppe durch das Gebiet.

Wetter: Sommertag mit 26 °C.
Sonnenschön. Der Wind blieb in seinem Bett.
Die Natur braucht Regen.

Für die meisten Teilnehmer dieser Exkursion mit dem Landschaftspflegeverband Torgau-Oschatz war die Begegnung mit der Landschaft der Alten Elbe Döbern die erste. Umso mehr waren sie überrascht von deren Schönheit, den uralten mächtigen Kopfpappeln, die alle zu den Schwarzpappeln zählen. Als großartig empfanden sie auch den feldseitigen Wanderweg. Dieser Weg ist erst mit der Bepflanzung in den 1990er Jahren zu einem artenreichen Strauch- und Baumareal herangewachsen, welches stellenweise bereits Hohlwegcharakter besitzt. Hier lässt sich die Blühzeit des Frühlings von Anbeginn verfolgen.

So mit der Schlehe, dem Weißdorn, dem Gemeinen Schneeball, dem Spierstrauch, den Hecken- und Büschelrosen sowie dem Holunder und dem Pfeifenstrauch. Sie lassen einen prächtigen Laufpfad entstehen – bunt an Farben, reich an Düften. Beteiligt an diesem Blütenkorso von April bis Juni sind auch Kornelkirsche, Rosskastanie, Linde, Eiche, Ahorn und Robinie. Margeriten und Glockenblumen sind auf der einzigen unmittelbar angrenzenden Wiese der Alten Elbe zahlreich vertreten, die uns auch am heutigen Tage mit ihren Farben goldweiß und blau erfreuten. Zu ihnen gesellen sich die Ackerwitwenblume, die sich mit ihrer vierzipfligen Blüte (Einzelblüte) von der ähnlichen, aber fünfzipfligen Skabiose, unterscheiden lässt. Zu den Pflanzenwegbegleitern zählen weiter der hier zahlreich wachsende Gefleckte Schierling, aus dessen grünen unreifen Samen der Extrakt für den »Schierlingsbecher« gewonnen und mit dem Sokrates hingerichtet wurde. Erwähnung und Beurteilung fanden auch das Barbarakraut, das Johanneskraut, der Breitblättrige Wegerich, der Beifuß, die Teichrose, die Schwertlilie und andere. Natürlich waren die Teilnehmer neugierig auf die Vogelwelt, vor allem auf die Nachtigall, deren Gesang ihnen ja versprochen wurde. Bereits beim Aussteigen aus dem Auto grüßte uns die Nachtigall, deren Gesang fast zum ständigen Begleiter werden sollte. Waren es fünf? Waren es sieben? So ganz einfach wurde ihre Zählung in dem strauchreichen Gebiet nicht, das einen idealen Lebensraum für die Gesangskönigin darstellt.

Als weitere Sänger sind die Mönchsgrasmücke und die Goldammer zu nennen, deren Lieder ebenfalls häufig zu hören waren. Der Gelbspötter gab nur ein kurzes Intermezzo, konnte aber als vielseitiger Imitator bestimmt werden. Neben der Nachtigall war der Drosselrohrsänger die auffälligste Vogelerscheinung, die fast ohne Pause ihr Karakiet-Lied aus dem Schilf heraus schmettere.

Die Alte Elbe wird durch einen Wirtschaftsweg in zwei Abschnitte geteilt, wobei der kleinere häufig als »Döbernsche Grube« bezeichnet wird, die als Flächennaturdenkmal ausgewiesen und deshalb besonders geschützt ist. Für die Angler ist sie deshalb tabu. Die geschützte Grube beginnt jedoch erst im hinteren Teil des kleineren Alte Elbe-Abschnittes.

Die Schlehe ist Botschafter

Die Schlehe ist Botschafter im Land.
Der Frühling hat sie dafür auserkoren.
Strahlend weiß ist ihr Gewand.
In der Nacht hat sie darin gefroren.

Zu ihren Füßen die Veilchen nicken
noch halb zugedeckt mit Laub.
Sie wollen uns beglücken
mit einem Lächeln ganz in Blau.

Der Zitronenfalter im
Sonnenlicht erwacht.
Taumelt zu dem Veilchen nieder.
Die Blume hat ihm
ein Geschenk gemacht.
Er dankt es mit Tanz
und Flügelliedern.

Die Exkursionsteilnehmer erlebten mit diesem Bereich eine einzigartige, naturbelassene, wilde Elbaue – selbstverständlich auch mit Nachtigallgesang sowie mit den lautstarken Stimmen des Zaunkönigs, des Drosselrohrsängers und des Kuckucks. Mit der heutigen Naturwanderung lernten die Teilnehmer nicht nur eine reizvolle heimatliche Aue kennen, sondern auch ein Gebiet, das in das europaweite Schutzgebietsnetz Natura 2000 integriert ist. Das bedeutet konkret, dass die Döbernsche Alte Elbe durch die Flora-Fauna-Habitat- sowie Vogelschutzrichtlinie der EU geschützt ist. Die erste sichert zum Beispiel den Lebensraum des hier lebenden Elbebibers, die zweite den Schutz ausgewählter Vögel, wie den Roten Milan, der im hiesigen Gehölz sein Domizil hat.

Die Meinung der Teilnehmer zur Alten Elbe Döbern: Großartig, einzigartig und schützenswert.

Pirschtag, 24.07.2018

Strandbad Torgau. Im Nest der Bachstelze hockt ein junger Kuckuck.

Wetter: Ein blaues Himmelszelt wölbt sich über uns. Seit Tagen bleibt der Regen aus. 26°C. Der Teich hat Badetemperatur und ist mit Blaualgen gefüllt.

Es liegt schon mehrere Jahre zurück, dass ich eine Begegnung mit einem Kuckucksjungen hatte. Um so mehr war ich über die Information eines Naturfreundes erfreut, der mir von einem Kuckucksjungen im Strandbad Torgau berichtete.

Im Efeu des Gebäudes hatten Bachstelzen ihr Nest bestens versteckt gebaut. Doch dem Kuckucksweibchen waren bei ihren Kontrollflügen die Bauaktivitäten des Bachstelzenpaares nicht entgangen und so gelang es ihr, zur richtigen Zeit ein Ei im Nest des Vogelpaares unterzubringen. Ein Kuckucksweibchen legt 12 bis 15 Eier. Findet es dafür den richtigen Wirtsvogel, haben vielleicht drei bis vier Kuckucksjunge die Chance, erwachsen zu werden. Aufschlussreich dazu sind die Brutvogel-Kartierungsergebnisse in Sachsen aus den Jahren 1990 bis 2008. Aus diesen geht hervor, dass 27 verschiedene Singvogelarten als Kuckuckswirte gezählt wurden. Besonders bevorzugt werden die Teichrohrsänger (34,6 %), dann folgen mit 15,6 % schon die Bachstelzen sowie mit 13,7 % die Sumpfrohrsänger. Weiter interessant als Wirte sind Neuntöter, Gartenrotschwanz und der Vogelzwerg Zaunkönig. Besonders für Zaunkönige wird der heranwachsende Zögling zu einer Herausforderung. Um den Vogelriesen satt zu bekommen, müssen sie gewissermaßen Tag und Nacht unterwegs sein. Seine Größe macht es sogar manchmal notwendig, dass sie ihm zum Füttern auf den Rücken steigen müssen. Ich erinnere mich an eine Begegnung aus dem Jahr 1998 im NSG Prudel Döhlen, wo ein Kuckuck von drei Zaunkönigen gefüttert wurde. Leider bekam ich davon keine Aufnahme.

Als ich den Strandbad-Kuckuck zu Gesicht bekam, war er bereits aus dem zu klein gewordenen Nest in das Efeugewirr gestiegen. Seine Fütterung zu beobachten schien schwierig, da die Bachstelzeneltern sich sehr scheu verhielten. Ihr Adoptivkind fühlte sich jedoch in seinem Versteck sicher. Ich musste deshalb lange auf den Moment warten, dass er mir seine gestreifte Brust zeigte.

Der Teich schlummert vor sich hin

Der Teich schlummert vor sich hin.
Still war die Sommernacht und
zum Träumen.
Der Mond, der am Himmel hing,
begann sie silberhell zu umsäumen.

Verschlafen schaut der Reiher
aus dem Gefieder.
Mit Krächzen begrüßt er den Tag.
Im Schilf singt der Rohrsänger
seine Lieder.
Seine Botschaft ist gefragt.

Karre, karre, kiet, kiet
ist von ihm zu hören.
Der Kuckuck, der vor seinem
Neste kniet
will ihn mit einem Ei betören.

Ohne Zieheltern gäbe es den
Kuckuck nicht.
Sein Ruf zur Maienzeit,
der mit Freude erfüllt die Kinderherzen
und zum Liede wird zum Scherzen.

Am nächsten Tag hatte er bereits die Efeuwand verlassen. Sicherlich saß er von nun an auf irgendeinem Baum und wartete begierig auf das Futter der Eltern. Diese laufen weiterhin emsig auf der Wiese herum, schnappen nach herumfliegenden Insekten oder picken grüne Raupen von der Vegetation, um dann das Fleischmenü dem Jungvogel in den aufgerissenen Schlund zu stopfen. Diese Situation wird gewiss bis zur endgültigen Selbstständigkeit des Kuckucks anhalten. Bis September bleibt er im Lande, um sich dann alleine, ohne Führung, auf den weiten Weg nach Afrika zu begeben.

Na dann, viel Glück auf der langen Reise und eine gute Rückkehr als Botschafter des Frühlings mit dem einzigartigen Ruf »Kuckuck ...«!

Verstummt der Kuckucksruf, verliert die Vogelwelt eine ihrer fröhlichsten Stimmen. Einen Frühling ohne Kuckuck darf es nicht geben. Diesen Standpunkt vertritt auch Brehm: »... und darum ist es die Pflicht jedes vernünftigen Menschen, dem Walde seinen Hüter, uns den Herold des Frühlings zu lassen, ihn zu schützen und zu pflegen, soviel wir dazu imstande sind ...«.

Pirschtag, 27.07.2018

Karpfenspringen auf dem Angerteich. Grauganstfamilie. Eine Rohrweihe attackiert die Graugänse.

Wetter: Der Sommer strebt nach Wärme. Das Thermometer klettert auf 28°C. Trocken. Sehr!

Ich wandere durch die Bennewitzer Teiche. Wer sie zählt, kommt auf zehn. Der Sommer wandert mit. Der Himmel ist blau, so weit mein Auge reicht. Jetzt, um 8 Uhr, ist es noch angenehm frisch. Vom Vogelchor sind nur einige zu hören. Irgendwo fällt aus dem Blätterdach die Stimme des Pirols heraus.

Ein Buchfink singt sein Lied vom Gerichtsvollzieher. Ich höre das Geschrei der Wichtigtuer, die ständig Streit suchenden Blässhühner. Das Geschnatter der Stockenten klingt zufrieden. Sie mögen diesen Sommertag, seine Wärme und freuen sich auf die Entengrütze (Teichlinse), die zahlreich in den Teichen heranwächst. Durch die Teichlandschaft streicht der Kuckuck. Fünfmal höre ich ihn rufen. Ob es ihm gelungen ist, bei einem der Drosselrohrsänger ein Ei unterzubringen? Drei bis vier Brutpaare habe ich gezählt. Soeben verschwindet einer mit Futter im dichten Schilf des Königsteiches. Beim Weiterlaufen auf dem Dammweg flüchtet eine Graugansfamilie in das Gewässer. Ich zähle zehn fast erwachsene Junggänse.

Das ist ein tolles Aufzuchtergebnis. Meist begegne ich Familien mit vier bis sechs Gösseln. Eine Rohrweihe ist unterwegs. Sie sieht die Gansfamilie und schwenkt zu ihr herab. Doch sie sieht wohl ein, dass der Nachwuchs bereits zu groß ist, und so fliegt sie weiter. Ein toter Karpfen am schlammigen Ufer wird zu ihrer Beute.

Auf dem Angerteich, so scheint es mir, findet ein Springwettbewerb der Karpfen statt. Ich habe freien Zutritt. Die Fischtreppe wird zu meiner Tribüne. Ich maße mir an, ihr Kampfrichter zu sein. Also werte ich die Höhe der Sprünge und deren Ausführung. Es lassen sich Unterschiede in beiden Kategorien erkennen. Die Besthöhe liegt bei maximal einem halben Meter. Als beste Ausführung bekomme ich den Überschlag zu sehen. Alle Sprünge sind im Bild festgehalten.

Pirschtage, Juli 2018

Königsteich. Schilfbucht. Ich stelle ein Zelt auf. Eisvogel. Limikolen. Graureiher ohne Kopf. Ein Fuchs schleicht davon.

Wetter: Sonnenschön. Im Blau des Himmels wachsen weiße Wolkenblumen. Trocken. 26°C.

Der Königsteich ist der größte der zehn Bennewitzer Teiche. Für mich ist er vor allem ein Teich von landschaftlicher Schönheit mit einem Dammweg mit mächtigen Stieleichen, in denen der Heldbock Unterkunft gefunden hat und ich »Königserlebnisse« der Natur geschenkt bekommen habe. Auch aus diesem Grund spreche ich gerne den Namen des Gewässers aus. Als ich bei meiner Pirsch im Juli in der hinteren großen Schilfbucht wiederholt Kraniche rasten sehe, dort Silber- und Graureiher einfliegen, sich Graugänse und Kiebitze einfinden und Limikolen im Flachwasser nach Wasserinsekten unterwegs sind, erhalte ich die einmalige Chance, ihnen ganz nah zu sein. Ich sehe hier einen Versammlungsort, eine Begegnungsstätte von Vögeln, die zu den großartigsten in meiner gesamten Pirschzeit zählen und unvergesslich sind. Das Zelt hatte ich schon eine Woche zuvor aufgestellt und mit Schilf abgedeckt. Durch den von mir geschaffenen Schleichweg erreiche ich ungesehen das Versteck. An keinem meiner zwölf Pirschtage wurde ich zum Störfaktor für die Vögel. Selbst den Seeadler bekam ich vor die Kamera.

Das Bedürfnis der Vögel nach einem sicheren Rastort erfüllt die Schilfbucht in vollem Umfang. Hier sind größere Flachwasserbereiche und auch trockene Ufer vorhanden. Der Schilfgürtel, etwa 30 bis 40 Meter breit gewachsen, an den sich ein Gehölz-Strauch-Areal von ähnlicher Größe anschließt, wird zu einem Schutzzaun für die Tiere. Hier fühlen sie sich geborgen und ungestört. Mit froher Erwartung nehme ich auf meinem Klappstuhl Platz und schaue in die Bucht. Soeben fliegt eine Vogelgruppe ein. Ich zähle 14 bis 16 Rotschenkel, die sofort im Kollektiv das Wasser mit ihrem Schnabel durchkämmen. Sie haben es eilig und schon steigt der Trupp wieder auf und verschwindet. Unerwartet ist das Einfliegen des Eisvogels, der einen Schilfhalm als Sitzwarte nutzt. Erfreulicherweise bleibt er lange sitzen. Einen Eisvogel aus der Nähe zu sehen, ist ein faszinierender Anblick. Dieser heimatliche Vogel erinnert mit seinem Aussehen an die schillernden Vögel im Regenwald des Amazonasgebietes. Mit seinem Prachtkleid will er gar nicht so ganz in die überwiegende Federschlichtheit der Vögel in unserer Region hineingehören. Ihm wurde von der Natur ein Gewand angepasst, welches für große und festliche Anlässe in der Vogelwelt geeignet ist. Die Zusammenstellung der einzelnen Teile erfolgte kontrastreich und zugleich ausgewogen. Schultern und Flügeldecken sind dunkelseegrün, die Rückenpartie ist türkisblau gehalten und von lebhaftem Zimtrot sind Brust sowie Bauch. Für das Kinn und die Kehle wurde ein strahlendes Weiß ausgewählt. Besonders auffällig sind die Wangen verziert: Diese erhielten einen schneeweißen Streifen, wodurch die Blautönung und die warme zimtrote Färbung des Gefieders exzellent zur Geltung kommen. Zum Schluss wurden Kopf und Flügel mit dem Wasser des Meeres besprengt, sodass die Tropfen hellblaue Zierflecken hinterließen. Mit dieser einmaligen Farbkombination wird der Eisvogel zur Vogelschönheit, zum Star unter den Vögeln. Wenn er mit 90 Kilometern pro Stunde flach über den Graben fliegt, gleicht er einem himmelblauen Pfeil mit einer schwarzen Pfeilspitze. Seine Ausnahmeerscheinung hat ihm solche Namen wie »Königsfischer« oder »Fliegender Edelstein« eingebracht.

Die Sonne steigt in den wolkenlosen Himmel. Einen warmen Tag zieht sie hinterher. In der Bucht rasten einige Graureiher. Doch wie sehen diese aus: Sind sie verzaubert? Reiher ohne Köpfe stehen auf dem Fallbaum! Was für ein kurioses Bild. Andere Reiher öffnen ihre Flügel, die sie anwinkeln, um damit die wärmende Sonne einzufangen. Grünschenkel, Bekassine, Waldwasserläufer, Flussuferläufer und Stockente begegnen einander. Ein Kranich mit einem erwachsenen Jungvogel läuft Futter suchend am Ufer entlang. Ich sehe einen Fuchs, der am Schilfrand geschlafen hat. Er hat mich wohl mit seiner guten Nase wahrgenommen. Still und leise schleicht er davon und das tue ich auch.

Fotos:
links Kraniche, daneben Rotschenkel, rechts von oben nach unten: Eisvogel, Grünschenkel, Graureiher.

Pirschtage, Juli 2018

Königsteich. Kraniche als Tanzgruppe mit Tanzlehrer. Ich vertreibe ein riesiges Wildschwein. Kuriose Kranichfiguren.

Wetter: Wolkenschleier wechseln mit dem Blau des Himmels.
Die Höchsttemperaturen erreichen 29°C.
Die Natur braucht Regen.

Ich war am Vormittag zur Kontrolle der Vögel an den Bennewitzer Teichen unterwegs. Der Ansitz ist am Königsteich zum Nachmittag vorgesehen. Ich hatte beobachtet, dass die Teilnahme der Vögel an Versammlungen zu dieser Zeit besonders groß ist. Kraniche und Graugänse kehren von der Äsung zurück. Hier trinken sie und unterziehen ihr Federkleid einer langen sowie intensiven Pflege. Die Kraniche und Silberreiher erscheinen meist in Gruppen in kurzen Abständen nacheinander, die Gänse jedoch als großer Verband. Wollen die Kiebitze dabei sein, kreisen sie mehrmals über die Bucht, um dann geschlossen einzufliegen. An manchen Tagen füllen 300 von ihnen die Bucht.

Ab 14 Uhr bin ich im Zelt. Die Bucht ist ausgefüllt von Vogelkörpern verschiedenster Art. An Größe überragen die Kraniche alle anderen. Ich zähle 28. Fröhlich sind sie. Der Tanzmeister tritt hervor. Er bringt sich in Positur. Elegant ist seine Haltung. Die Beine über Kreuz, die Flügel geöffnet, so steht er vor der Gruppe und schon beginnt der Tanz, mit ausgelassenen Sprüngen, schnellem Schreiten neben- sowie zueinander. Manche verneigen sich, öffnen die Flügel und verkünden mit Trompetenrufen ihre Lebensfreude. Dann sehe ich einige rastende Kraniche, die als Verwandlungskünstler auftreten. So jedenfalls erscheinen sie mir, wenn ich ihre Darstellungen betrachte. Aus einem Kranichpaar wird ein Kranich mit zwei Köpfen. Ich erkenne vier verschiedene »zweiköpfige Kraniche«. Von mir wurde keine Aufnahme digital verändert oder bearbeitet! Wenn ich

mir die Aufnahmen anschaue, kann ich selbst kaum glauben, dass ich solche Fotos gemacht habe. Die Zahl der Silberreiher (Foto S. 34 unten) steht denen der Kraniche nicht nach. 41 Vögel, ganz in Weiß gekleidet, schauen den Tänzern zu; doch sie bleiben unbeeindruckt vom Freudentanz der Kraniche. Das Tanzen haben sie nicht im Blut. Für sie ist die Körper- und Federpflege am Rastplatz das Wichtigste. Sie durchkämmen und durchschnäbeln ihr Federkleid oft länger als eine Stunde. Ab und zu nimmt auch einer von ihnen ein Bad. Andere, die bereits ihre Schönheits- und Pflegestunde beendet haben, standen, ein Bein angewinkelt, unbeweglich wie Wachsoldaten in der Gruppe.

Das Geschnatter der Graugänse war nicht zu überhören. Sie sind erzählfreudig. Es scheint, als ginge ihnen der Gesprächsstoff nie aus. Ihrem Nachbar haben sie stets eine Neuigkeit mitzuteilen. Sie bilden beim Rasten immer eine Formation für sich. Überhaupt ist fast jede Vogelart bemüht, sich in voller Zahlenstärke gemeinsam zu präsentieren. Ihre Menge beträgt heute geschätzt etwa 100 Graugänse.

Ich schaue gerade zur gegenüberliegenden Buchtseite, als sich dort ein riesiges Wildschwein aus dem Schlamm erhebt. Seine Aktion ist nicht fluchtartig. Langsam zieht es sich in das Röhricht zurück, schaut nochmals kurz heraus, um sich zu versichern: In der Nähe ist ein Mensch.

Pirschtage, August 2018

**Biberrevier Röhrgraben. Nutrias.
Biber werden zu Kanalarbeitern.**

Wetter: Die Wolken tanzen in langen Reigen. Nicht tanzen sollt ihr. Regen braucht die Erde. Nur 2 mm Regen schickte der Himmel den Pflanzen im August.

Im Röhrgraben sind die Biber aktiv. Das Revier ist den Bennewitzern Teichen zugeordnet. Auf dem Hauptdamm liegt frischer Schlamm. Das ist für mich der aktuelle Nachweis: Das Revier ist besetzt und für mich der Anlass, die Falläpfel aus unserem Garten den Bibern als Leckerli anzubieten. Bei der nächsten Kontrolle erlebte ich eine Überraschung. Vor den Äpfeln saßen zwei dicke Altnutrias. Typisch für Nutrias sind ihre runden Schwänze (Fotos unten). Für sie ist natürlich die Futtergabe nicht gedacht und so treibe ich sie in die Flucht. Vier Tage später bin ich wieder vor Ort. Die Nutrias sind nicht zu sehen. Dafür nehme ich die Aktivitäten der Biber zur Erhaltung ihres Lebensraumes – den Graben – wahr. Der Wasserverlust ist groß. Doch für sie ist das Wasser Lebenselixier. Die zwei Biber ohne Nachwuchs werden deshalb zu Kanalarbeitern. Solche Aktivitäten zur Grabenvertiefung sind nicht neu. Reviere mit wenig Wasser gab es wiederholt in den letzten Jahren; einige trockneten sogar aus. Aber Biber kämpfen um das Wasser. Aufgeben wollen sie nicht. Was ich sehe, ist ohne Beispiel: Die Biber haben den Röhrgraben auf einer Länge von fast 100 Metern regelrecht ausgebaggert. Der Schlamm wurde von ihnen an die Grabenböschung hochgeschoben. Es sieht teilweise so aus, als wäre der Aushub mit der Schaufel abgelegt. Ich kam aus dem Staunen nicht heraus. Aber es gilt nicht umsonst das geflügelte Wort: Fleißig sein, wie die Biber.

Pirschtag, 21.02.2019

Ellergraben Pflückuff. Nutriainvasion. Haselnusssträucher mit goldgelben Kätzchen, die der Erlen mit weinroter Farbe. Geschälte Äste der Biber. Frühling im Februar.

Wetter: Gestern 3 mm Regen.
Heute 11°C. Der Tag mit Wolkenlücken.

Dem Februar sei gedankt. Einige Tage seiner Winterzeit schenkte er dem Frühling – uns zur Freude und zur Freude der Vögel, die schon jetzt ihre Lieder für die kommende schöne Zeit einüben. Ich hörte die Balzrufe der Ringeltauben, den Werbegesang der Kolkraben, das Frühlingsgeläut der Kohlmeisen auf der Streuobstwiese am Großen Teich. Auch die Goldammer probierte bereits auf einem Apfelbaum ihre Melodie »Wie hab ich dich so lieb«. Heute klang ihr Lied noch nicht vollständig, aber vielleicht wird es schon morgen oder übermorgen klappen. Nicht zu überhören war das Trommeln des Schwarzspechtes, der an einer Eiche am Ellergraben einen Ast bearbeitete, so als wollte er alle Tiere aufrufen, diese großartigen Tage mit Lebensfreude auszufüllen. Der große Haselnussstrauch unter der Eiche war schon dabei: Goldgelb leuchteten seine Kätzchen als die Vorboten der Lenzenzeit.

Meine Pirsch an diesem Vorfrühlingstag führte mich zum Ellergraben. Das Biberrevier »Ellergraben Pflückuff« wollte ich aufsuchen, um nachzuschauen, wie die Biber den Winterzeitraum überstanden haben und ob es negative Auswirkungen auf den Lebensraum durch das trockene Jahr 2018 gegeben hat. Die erste Überraschung erlebte ich mit einer »Invasion« von Nutrias in Höhe der Streuobstwiese. Nutrias aller Größen und jeden Alters saßen auf der Wiese oder schwammen im Graben. Erstmals war auch ein weißes Exemplar dabei. In diesem Abschnitt lebte bisher eine Biberfamilie, doch von dieser war keine Kelle zu sehen. In deren Wohnbau leben jetzt die Nutrias. Wahrscheinlich fühlten sich die Biber von der Masse der Nutrias belästigt und zogen deshalb grabenaufwärts. Wie zu beobachten war, werden die Nutrias gefüttert. Aus der Sicht des Natur- und Artenschutzes keine gute Idee. Nutrias vermehren sich stark. Drei Würfe mit bis zu acht Jungen sind fast die Regel. Da diese Tierart keine einheimische ist und als Überträger von Salmonellen auftritt, sollte sie keine Unterstützung erhalten.

Die vielen Erlen am Graben stellen sich gegenwärtig in ihrem schönsten Gewande vor – natürlich eingekleidet vom Frühling. Dunkelrot, vielleicht auch weinrotfarbig sind die Kätzchen, mit denen die Bäume über und über ausgestattet sind. Zu dieser Jahreszeit sind sie ein belebendes, farbenfrohes Element, da ja noch weitestgehend die graubraunen und gelblichen Farben in der Landschaft überwiegen. Überrascht haben mich die zahlreichen an der Böschung wachsenden Schneebeerensträucher, die mit ihrem reichen Beerenbehang die auffallendsten Kontraste setzten. Noch immer prangen sie knallrot am Strauch, so als wäre es Oktober. Wiederholt flog ein kleiner Trupp Stare ein, um sich an den Beeren zu stärken.

Endlich bekam ich die Spuren von Meister Bockert zu sehen. Ganz frisch war der kleine Faulbaum gefällt und am Ufer lagen die geschälten Äste. Auf dem Damm lag ein von den Bibern gefällter Baum. Auch ihr Wohnbau konnte ermittelt werden. Die Familie hatte wieder den alten Bau unter den zwei alten Eichen bezogen. Hier leben sie allein in Ruhe und Frieden.

Pirschtag, 27.05.2019

Elbterrasse zwischen Kranichau und Mahitzschen. FND. Schluchtwäldchen. Maiglöckchen, Buschwindröschen, Weißwurz. Wiedehopf und Nachtigall.

Wetter: Maienschön. Am Himmel segeln kleine und große Wolkenschiffe. 26°C.

Es ist ein Frühlingstag, der mir ein Naturwunder schenkt. Ich wandere an der Elbterrasse entlang, beginnend ab dem Dorf Kranichau bis zum Dorf Mahitzschen. Ein Trampelpfad weist mir den Weg und das Ziel. Angepasst an das Relief der Terrasse wandere ich über ganz unterschiedliche Hanghöhen. Steige hinauf und herab, gehe eine Zeit lang an der oberen Kante des Feldes entlang und werde wieder zum Pfad zur halben Höhe geführt. Diesem folge ich und erreiche den Terrassengrund. Unterwegs erlebe ich Bereiche des Elbhanges, die sanft und verbreitert zur Hangsohle verlaufen oder als Einschnitte und kleine Hügel in Erscheinung treten. Beim Erreichen des Terrassenendes, unweit von Mahitzschen, bekomme ich das Naturwunder zu sehen, das mich zum Verweilen einlädt. So setze ich mich auf einen Fallbaum und werde ganz still von diesem unerwarteten Anblick: Mir scheint, ich befinde mich in einem kleinen Gebirgstal, einer Gebirgsschlucht, in welcher ein Bächlein in das Tal fließt. Über mir grünt und wölbt sich ein mächtiges Blätterdach von Buchen, Eichen, Eschen, Linden, Pappeln und Birken, zu deren Füßen Maiglöckchen, Schattenblumen, Weißwurz, Buschwindröschen sowie Scharbockskraut ihre Blüten zeigen. Artenreich ist in diesem Gebiet der Laubwald. Über 20 verschiedene Baumarten konnte ich ermitteln. Die Stimmen der Vögel betonen noch die Stille und werden zu meinen Begleitern. Dumpf heulend klingt das Lied der Ringeltaube, flötend das des Pirols, der ein Bewohner im Dachgeschoss der Bäume ist. Ich höre zwei Nachtigallen schlagen, das selbstbewusste Lied des Buchfinks und die häufigste Grasmücke – die Mönchsgrasmücke. Ein Vogelruf überrascht mich und erfreut mich ganz besonders: der Wiedehopf. Wie eine Autohupe schallt es von ihm durch das Auengehölz.

Ich schaue in die Schlucht: Wasser aus der Heide wird von einem Graben eingeleitet und hat das Wunder über Jahrhunderte bewirkt. Es hat eine Erosionsschlucht geschaffen, die einzigartig und einmalig in der Elbauenlandschaft ist. Ich mache mich auf, um dieses Kleinod zu erkunden. Jetzt wird der Bach mehr oder weniger zu meinem Pfad. Oft verlegen mir Fallbäume den Aufstieg in das Schluchtwäldchen, das mich zum Klettern und manchmal zum Kriechen zwingt. Immer wieder muss ich den Grabenbereich verlassen, weil es rechts oder links von ihm zu steil ist. Wild ist es hier. Was von den Bäumen zu Boden fällt, bleibt liegen. Kein Mensch greift an diesem Ort ein. Das Grabenbett ist uneben, Äste liegen darin, Bäume liegen quer darüber. Wie eine Riesenschlange windet sich das Gewässer nach oben. Dicke Fallholzstücke werden zu Barrieren, lassen Wasserbecken entstehen, aus denen das Wasser geräuschvoll plätschert oder mit fröhlichem Sprunge entweicht. Weiter oben ist ein etwas größerer freier Raum entstanden, sodass sich ein kleiner Tümpel im Graben bilden konnte. An seinem Ufer sitzen einige grüne Frösche. Noch 30 Meter habe ich zu meistern, doch sie sind dicht mit Strauchwerk bewachsen und die Grabenböschung ist so steil und schmal, dass ich die Schlucht verlassen muss, um ihren Anfang an der Straße zu erreichen. Hier an der B 182 befindet sich der gemauerte Grabeneingang, der das Wasser aus der Heide in die Schlucht lenkt.

Das Schluchtwäldchen ist dank Herbert Lehmann seit 1993 als ein Flächennaturdenkmal geschützt. Nicht weniger schützenswert ist die Elbterrasse, die zu einer der größten und schönsten in unserer Region zählt. Für ihren Erhalt wäre es gut, wenn sie einen gesonderten Schutzstatus erhalten würde. Zumal sie ständig als Cross-Strecke von Jugendlichen genutzt wird.

Pirschtag, 12.06.2019

Melpitzer Wiesen. Ellerfurt (Schwarzer Graben). Gebänderte Prachtlibellen.

Wetter: Die Nacht mit Himmelssegen. Ein Gewitter brachte 25 mm Regen. Schwül, warm. 28°C. Windflaute.

Seit 8 Uhr unterwegs. Ich singe dem Regen der Nacht ein Loblied, denn groß ist der Durst der Pflanzen und der Schrei der Gewässer nach Wasser. Ich bitte den Himmel um weitere Zugaben. Eine Wanderrunde ist heute angesagt, entlang der Ellerfurt über den mittleren Koppelweg und zurück zur Umfluterbrücke. Begleitet werde ich vom Lerchengesang aus der Höhe und den Grillengesängen von unten. Auf dem Holunderstrauch am Wiesengraben heißt mich die Grauammer willkommen. Der Wiesenabschnitt an der Ellerfurt wurde Anfang Mai gemäht. Der zweite Aufwuchs hat bereits eine gute Höhe erreicht. Ich erwarte hier ein reiches Vorkommen des Großen Wiesenknopfs. Die Grabenböschung mit dem Rohrglanzgras blieb ungemäht. Beim Durchschreiten des Grases erhob sich eine blaue Wolke von Libellen. Und da sich diese weiter fortsetzte, wehte über der Ellerfurt ein flatterndes blaues Band. Ich sehe ein kleines Wunder. Die Gebänderten Prachtlibellen (Fotos) fehlten hier in keinem Jahr, doch in dieser Menge begegnete ich ihnen noch nie! Jetzt ist es Zeit für eine Audienz bei den Libellen. Auf der Ellerfurt reiht sich eine Blüte der Teichrose an die andere, füllen ihre Blätter als Inseln das Gewässer. Sie sind die Rastplätze und Warten für die Fangflüge, die Ansitze, von denen aus sie ihr Revier verteidigen. Ich sehe sie hin und her fliegen, rüttelnd in der Luft stehen. Beeindruckend, wie sie in Bruchteilen von Sekunden die Flugrichtung ändern. Mein stilles Sitzen und Zuschauen bringt sie mir ganz nah. Was für ein filigranes Meisterwerk sind die Flügel, superfest und ultraleicht. Gleichlang sind sie und durchsichtig wie Glas. Auf einem gebogenen Wasserschwadenblatt sitzen vier Libellen, Männchen und Weibchen. Sie sind abwechselnd jagend unterwegs. Mücken oder Fliegen werden ihre Beute. Interessant ist ihre Fangmethode. Die sechs langen Beine mit den Fangborsten werden wie ein Fischernetz zusammengefügt und im Flug stürzen sie sich auf die Beute oder erwarten sie. Manchmal jagen auch zwei von ihnen das gleiche Insekt. Möglicherweise erhöht das den Fangerfolg für einen Jäger.

Mit Recht tragen sie den Namen Prachtlibelle. Was für ein Bild bekam ich zu sehen, als sich ein Männchen auf eine Teichrose niedersetzte und die Sonne seine Flügel erreichte: Einzig schön ist das schimmernde, leuchtende Blau im Kontrast mit dem Blütengelb. Das Weibchen ist mit ihrer grüngelben Körperfarbe tarngefärbt und deshalb nur wenig auffällig. Ich empfinde es als sehr bedauerlich, dass eine solche Insektenschönheit nur einige Monate Lebenszeit erhält. Zumal ihre Zeit als Larve im Wasser bis zu zwei Jahren andauern kann. Zwölfmal muss sich die Larve häuten, ehe sie als Libelle aus dem Wasser steigen kann. Als Larve führt sie ein räuberisches Leben. Ihre Fangmaske ist für mich eine Wunderwaffe, ein Geniestreich der Natur. Dank eines Hydrauliksystems kann sie diese blitzschnell herausschnellen und die Beute ergreifen.

Eines ist sicher: Es werden weitere Audienzen mit den Prächtigen folgen – den blau schimmernden Juwelen.

Pirschtag, 20.06.2019

Anruf aus Melpitz. Frau Dreßen von der Musikscheune bittet um Hilfe. Einem Biber schmeckt die Rinde der Apfelbäume in ihrem Garten und er verschmutzt den Swimmingpool.

Wetter: Sonne pur.
Wind sacht streichelnd. 27°C.

Gar nicht erfreut war Familie Dreßen von der Musikscheune in Melpitz über das wiederholte Baden eines Bibers in ihrem Swimmingpool. Hatte er doch immer wieder auch einen Ast mit in das Wasser gebracht. Aus der Sicht von Meister Bockert ist das Nutzen des Bassins gut nachvollziehbar, denn es war zu wenig Wasser in seinem Graben, um ein ausgiebiges Bad mit Abtauchen, Wassertreten oder Umherwälzen zu nehmen.

Der Wunsch nach einem Wegfangen und Umsetzen wird aus meiner Sicht nicht erfüllbar sein. Für den Biber ist der Garten Nahrungsraum, wo er nur spontan eindringt. Ich glaube nicht, dass der Biber hier für immer bleiben will. Nebenan fließt der Kalte Bach vorbei, der für ihn zum Weg zu den Apfelbäumen wird. Im oder am Bach hat er seine Wohnung. Für die schmackhafte Rinde von Apfelbäumen nimmt er weite Wege von ein bis zwei Kilometern in Kauf. Er findet sie mit seiner Nase, seinem besten Wahrnehmungsorgan, auch aus großer Entfernung.

Die Zahl der Bäume im Grundstück ist überschaubar. Werden diese mit Maschendraht umhüllt, sind sie vor den Zähnen der Biber bestens geschützt. Diese Schutzaktion übernahm ich mit Biberschützer Siegfried Raupach.

Übrigens hat Frau Dreßen »ihren Biber« auch schon mehrfach sehen können. Zuletzt mithilfe einer Wildkamera am Apfelbaum nagend. Da der Baum bereits stark benagt war, wurde er für ihn gefällt, damit ihm auch die Äste zur Verfügung stehen.

Wenn an diesem Ort auch die Musik im Mittelpunkt steht, so besteht doch bei allen Bewohnern des Hauses zu den Tieren, die hier Unterschlupf gefunden haben oder sich als Nahrungsgäste einfinden, ein tolerierendes, ja schützendes Verhältnis. Dazu zählen zum Beispiel die Fledermäuse und Turmfalken.

Pirschtag, 23.06.2019

Flusselbe bei Graditz. Uferschwalbenkolonie in einer Buhne mit Steilwand.

Wetter: Sommerliche Temperaturen von 28°C. In der Nacht Regenschauer von 5 mm. Im Juni regnete es bis heute 43 mm.

Die Wiederbesiedlung der Elbbuhne bei Graditz durch die Uferschwalben ist ein Grund zur Freude, denn ich hatte schon Sorgen, sie nicht wiederzusehen. Groß ist bereits die Zahl nicht wieder besetzter Uferschwalbenkolonien.

Das Hochwasser der Elbe hatte von dem Buhnenkörper beträchtliche Teile herausgerissen und eine Steilwand entstehen lassen. Damit bekamen die Schwalben eine Chance für das Graben ihrer Brutröhren. In diesem Jahr konnte ich an der Elbe zwischen Dommitzsch und Mühlberg drei kleine Kolonien entdecken. Das ist ein geringerer Nachweis etwa gegenüber 2009 mit 215 Brutpaaren an 15 Standorten im gleichen Flussabschnitt (Brutatlas Sachsen, 2013). In der von mir in den Monaten Mai und Juni kontrollierten Graditzer Kolonie zählte ich zwölf Brutpaare. Vom Kopf der Buhne, auf dem Klappstuhl sitzend, wurde ich von ihnen akzeptiert. Der Abstand zu den Nestern betrug 30–40 Meter und war damit ein günstiger Beobachtungsabstand, der auch scharfe Aufnahmen garantierte. Ich zählte sieben fütternde Schwalbenpaare. Aus vier Brutröhren schauten die bereits flüggen Vögel erwartungsvoll und nach Futter bettelnd heraus. Wiederholt trafen sich drei Fütterer vor den gierigen Schnäbeln der Jungen. Solidarität pur!

Bedenken habe ich allerdings für die Beweidung der Brutbuhne mit den Schafen. Besonders im unteren Bereich der Steilwand mit einem schrägen Bereich sind Trittschäden an zwei Brutröhren zu sehen. Um die brütenden oder fütternden Uferschwalben zu schützen, sollte jedoch künftig dieser Lebensraum bis zum Ausflug der Jungvögel nicht beweidet werden.

Die Uferschwalbe ist keinesfalls ein Vogel, der, wie der Name besagt, nur im Uferbereich von Flüssen und anderen Gewässern brütet. Sie besiedelt auch Kies- sowie Sandgruben und Gebiete in Tagebauen, soweit sie ihnen die Möglichkeit zum Brüten gewähren. Es muss sich dabei nicht um einen Standort mit Wasser handeln.

Die Uferschwalbe ist die kleinste europäische Schwalbenart. Bei meinen Beobachtungen war kein farblicher Unterschied zwischen den Geschlechtern zu ermitteln. Das Gefieder ist oben mattbraun, die Unterseite weiß, mit einem deutlich graubraunen Brustband. Das Brüten, Hudern und Füttern des Nachwuchses wird gemeinsam durchgeführt. Es liegt an uns, den Rückgang der Uferschwalben zu stoppen. Schützen wir sie vor Eingriffen jeder Art während der Brutzeit.

Pirschtage, Juli/August 2019

Königsteich. Mit fast 19 Hektar größter der zehn Bennewitzer Teiche. Erstmals sehe ich zwei Flussregenpfeifer-Familien. Der Teich erlebt eine Serengeti-Situation. Täglicher Rückgang des Wassers.

Wetter: Hitzetage.

Pirschtage 2019. Im Königsteich-Tagebuch sind 14 Tage mit Temperaturen über 30°C festgehalten. Die Elbe wird mit 0,38 m vermessen. Einige Teiche mussten notabgefischt werden.

Königsteich. Erlebte ihn als einen Serengeti-Teich. Die ungewöhnliche Artenvielfalt der Vögel und deren große Anzahl veranlassten mich zu dieser Formulierung. Hier ist witterungsbedingt eine Situation entstanden, die den Teich zu einer ergiebigen und leicht zugänglichen Futterquelle für die Vögel machte. Hier ist ein gutes Rasten. Hitze und Trockenheit führten im Juli zu einer starken Verdunstung: Das Wasser wurde täglich weniger, die Schlammflächen sowie Sand- und Kiesbänke immer größer. Die Fischer sind damit gezwungen, den Teich vorzeitig abzufischen. Es sollen nur die Karpfen an Land gezogen werden. Die vielen Wildfische wie Giebel, Plötzen und Barsche gehören den Vögeln. Sie garantieren ihnen ein reiches Tischlein-deck-dich. Als ich am 30. Juli die Serengeti-Situation entdeckte, erlebte ich den Tag als einen mit Feststimmung. Ich wusste, hier am Königsteich wird mir der Teich täglich ein Naturerlebnis schenken.

Ich stelle das Tarn-Beobachtungszelt so im Schilf auf, dass ich bei seinem Aufsuchen zu keinem Störfaktor werde. Die Nähe zu den Vögeln ist gut und reicht zum Fotografieren. Frohgemut sitze ich auf dem Klappstuhl und bin bereit, das Teich-Vogelgeschenk zu öffnen und zu genießen. Großartig ist diese Gabe, fasziniert ihre Zusammensetzung und Auswahl. Ein Flussregenpfeifer ist mit zwei Küken unterwegs. Aus dem Schlamm picken sie Insekten oder deren Larven. Später beobachte ich eine weitere Familie mit Nachwuchs, der schon flügge ist.

Auf der großen Sandbank lärmt es. Eine Silbermöwe »jauchzt« und will ihren Fisch verteidigen. Weitere kommen hinzu. Der Tumult ist groß, die Auseinandersetzung wird handgreiflich. Nebelkrähen beteiligen sich und wollen auch ihren Anteil vom großen toten Karpfen. Einige Meter weiter stehen drei Graureiher, die ebenfalls auf ihre Chance warten. Im hinteren Bereich rasten Rost-, Brand- und Nilgänse. Einige von ihnen machen ein Nickerchen. Die vielen herumlaufenden Lachmöwen stören sie nicht. Immer wieder erheben sich die Kiebitze (Foto unten), fliegen einige Runden über den Teich, um dann wieder auf ihren Startplatz zurückzukehren. Ihre Anzahl schwankt. Meine Zählversuche enden bei 100. Im flachen Wasser sehe ich eine Gruppe Limikolen. Es sind Grünschenkel, Kampf- und Flussuferläufer, Bekassinen und Waldwasserläufer. Seit einigen Tagen sind auch die Silberreiher vor Ort. Ihre Zahl beträgt 38. Sie haben sich in mehrere Gruppen aufgeteilt. Sie erscheinen mir wie weiße Malflecken in einem Gemälde, die als weiße Kontraste in der grünen Landschaft gedacht sind. Einige von ihnen tragen noch die Schmuckfedern der Balz, die mit ihren verlängerten, fein aufgegliederten Schulterfedern die Attraktivität des Reihers erhöhen.

Plötzlich wird das Gewässer zu einem Spektakel. Hörte ich bisher nur die Streitereien der Vögel, ihre Gespräche, die Rufe von Kiebitz und Möwe, so wurden die Vogelstimmen jetzt zu einem anschwellenden Chorschrei. Die gesamte Vogelschar erhob sich, teils kreisend und abfliegend, zur Flucht. Zwei Seeadler überflogen den Teich, um auf einer Eiche aufzubaumen. Sie sind der Auslöser der Reaktion der Vögel. Eine halbe Stunde musste vergehen, damit im Königsteich wieder Ruhe und Frieden einkehren konnten.

Sieben Kraniche fliegen ein. Sie verharren im flachen Wasser. Sie werden über die Nacht hier bleiben. Eine Gruppe von 14 Graugänsen steigt laut rufend auf. Sie trauen den Seeadlern nicht. Auch für mich ist es Zeit, den Königsteich zu verlassen. Ich erlebte einzigartige unvergessene Naturstunden.

Pirschtag, 13.07.2019

Fingerhut, Ratsforst Torgau.

Wetter: Am Himmel weiden die Schafe. Die Nacht kam mit einer Erfrischung von 6 mm Regen.

Zwei Wochen blieb ich dem Benkenteich fern. Die Melpitzer Wiesen mit ihrer reichen Flora, der dazugehörige Schwarze Graben und die Grabwespen hielten mich fest an diesem Ort. Heute wollte ich jedoch wieder Wald sehen, die Kiefern riechen. Ein Regenschauer in der Nacht wird den Wald beim Abtrocknen duften lassen – ich werde den gesunden Atem des Waldes als Medizin erhalten.

7 Uhr beginne ich mit meiner Waldpirsch, die stets am Benkenteich endet. Bereits nach der Einfahrt in den Waldweg grüßt mich nach 200 Metern auf der rechten Seite eine Waldschönheit, die eine Rarität im Pflückuffer Wald ist: der Fingerhut. Wie eine Blumeninsel ragt er aus dem Grünen heraus. Himbeeren, Gras und Brombeeren umsäumen sie und lassen sie immer kleiner werden. Ich steige aus dem Auto. Ein Fingerhutmosaik breitet sich vor mir aus. Ich erlebe es als ein buntes Lampionfest. Weiß sind sie wie Schnee und rot wie Blut. Ich sehe Farbmischungen aus Weiß und Rot sowie Pflanzen mit violetten Tönen sowie weiteren Nuancen. Häufig ist der Blütenschlund auch dunkel gefleckt. Ich fühle mich eingeladen von den Zauberpflanzen des Waldes und so verweile ich, bis ich satt bin vom Fingerhutschauen – für heute. Aber ich weiß, bald werde ich wieder Sehnsucht nach dem bunten Fingerhut haben. Damit er noch lange an diesem Ort Anlass zur Freude wird, werde ich seine Konkurrenten beschneiden.

Pirschtag, 08.08.2019

Melpitzer Wiesen.
Neuntöter und Raubwürger.

Wetter: Ein Tag mit Schleierwolken. Diffuses Licht. Bestes Fotolicht. 24°C.

Ihre Namen verbreiten Schrecken. Der eine Vogel mit dem Namen Neuntöter, der andere mit dem des Raubwürgers. Bei meinen Pirschgängen Anfang August zu den Melpitzer Wiesen bekam ich beide Arten zu sehen. Das Umfeld der Wiesen mit seinen Sträuchern, den angrenzenden Gehölzen zählt seit Jahren zum Brutgebiet des Neuntöters. Es erfüllt allseitig die Lebensansprüche dieser Vogelart.

Wanderte ich in diesen Tagen den Koppelweg an den Wiesen entlang, begrüßte mich eine siebenköpfige Neuntöterfamilie. Sie zählen erfreulicherweise nicht zu den sehr scheuen Vögeln und lassen sich meist gut beobachten und im Bild festhalten. So war ich beim Füttern des Nachwuchses dabei, aber auch bei der Jagd als Augenzeuge. Das Wiesenareal ist gegenwärtig eine großzügige Futterstelle mit unzähligen Heuschrecken. Bevorzugt nutzen sie zum Insektenfang die alten Koppelpfähle als Sitzwarte, die damit auch zu einem guten Fotositz werden.

Auffällig und kontrastreich ist das Federkleid des Neuntötermannes mit seiner »Räubermaske« und den rostroten Flügeln (Foto unten). Neben Insekten zählen auch Mäuse zum Nahrungsspektrum. War ihre Jagd sehr erfolgreich, legen sich die Neuntöter einen Vorrat an, der z.B. auf den Dornen der Schlehe aufgespießt wird. Deshalb wird er auch als Dorndreher bezeichnet. Auf diese Verhaltensweise ist angeblich die Namensgebung zurückzuführen. Der Neuntöter würde erst nach neun aufgespießten Nahrungstieren mit deren Aufnahme beginnen. Erfreulich ist die Bestandssituation der Vogelart einzuschätzen: Der Neuntöter zählt noch nicht zu den gefährdeten Arten.

Ganz anders ist die Situation bei den Raubwürgern, deren Bestand in den letzten Jahren so stark zurückgegangen ist, dass er in der Roten Liste als »vom Aussterben bedroht« eingestuft werden musste. Ihre Anzahl war in unserer Region nie groß. In meinem Tagebuch sind 1991 fünf Brutpaare vermerkt. Mehr wurden von mir bis heute nicht beobachtet.

Der Raubwürger (Foto rechts) ist der größte aus der Familie der Würger in Amselgröße. Mit seinem schwarz-weiß gefärbten Federkleid und dem langen Schwanz sieht er wie eine kleine Elster aus. Im Gebiet der Melpitzer Wiesen ist er seit Jahren Nahrungsgast. Meist treffen sie hier im Spätsommer ein. In den letzten Tagen waren stets zwei Raubwürger auf Heuschreckenfang unterwegs. Auch sie betreiben eine Depotwirtschaft und spießen ihre Beute auf. Das können neben Insekten und Mäusen auch Eidechsen und Jungvögel sowie Frösche sein. Als ich vor vielen Jahren ein solches Depot im Prudel genauer unter die Lupe nahm, war sein Verwalter damit nicht einverstanden. Er attackierte mich und flog gegen meinen Hut.

Raubwürger bleiben lebenslang zusammen. Im Gegensatz zum Neuntöter ist er kein Zugvogel und überwintert mit Vorliebe in der Brutregion. Auch er trägt eine »Räubermaske«. Für seine Namensgebung fand ich jedoch keine Erklärung in der Literatur.

Pirschtag,14.02.2020

Schlittschuhläufer auf dem Großen Teich. Nutrias. Raureif verzaubert die Landschaft. Graureiher und Kormorane auf dem Kuhteich.

Wetter: Winter. Nachts –15°C. Am Tage –4°C. Winterlich schön. Die Sonne kam zu einem langen Stelldichein.

Nochmals sollte der Teichdammweg am Großen Teich Torgau mein Wanderziel werden. Der sonnige Wintertag lockte viele Torgauer in die verschneite Natur. Auf dem Großen Teich waren Schlittschuhläufer, Familien mit Kindern und Hunden unterwegs. Auch Wanderer und Jogger, die den Teich umrunden wollten. Für den Naturfreund sind besonders die Dammseite zum Ellergraben mit dem Gehölz und der Kuhteich interessant. Oben an der Wegkante und im Böschungsbereich des Grabens durchwühlen Nutrias allen Alters das Eichenlaub nach Nahrung. Häufig werden sie jedoch von Spaziergängern mit den Bibern verwechselt. Auch heute musste ich eine Familie mit Kindern und ein Ehepaar über ihren Irrtum aufklären. Biber sind fast nur nachts unterwegs, also am Tage nicht zu beobachten. Außerdem ist ihr Schwanz breit wie eine Maurerkelle. Der der Nutrias ist rund und schmal. Ich zählte vom Teichabfluss bis zum Biberhof zwölf Nutrias. Zwei von ihnen waren gerade mal zwei Monate alt.

Bemerkenswert ist das von mir festgestellte freundschaftliche Verhältnis zwischen einem Altnutria und einem Rotkehlchen. Der Vogel hielt sich ständig neben, vor oder hinter dem Laubdurchwühler auf und flog ihm sogar auf den Rücken, um an das im Laub vorhandene Futter (Würmer, Larven, Insekten) heranzukommen. Unterwegs war auch ein Trupp von acht bis zwölf Schwanzmeisen, die mit leiser, dünner Stimme die Sträucher nach Insekten absuchten. Auf zwei Buntspechte wurde ich erst durch ihr lautes Rufen aufmerksam. Sie hatten eine kranke Erle im Visier, die sie bearbeiteten, sodass die Borke in großen Stücken zu Boden fiel. In eisiger Schönheit, leise vor sich hin plappernd, fließt der Graben dahin. Ein breiter, reich gezackter Eisrand rechts und links des Ufers, prangt im Lichte der Sonne und lässt ihn zum Blickfang werden. Die wohl prächtigsten Eiskristalle verteilt der Raureif in der Landschaft. Wenn er gestalten kann, schlägt er eine der schönsten Seiten im Märchenbuch des Winters auf. Hauchdünn, in der Sonne glänzend und schimmernd, zu filigranen Eisblättern geformt, dicht aneinandergereiht zu Säumen und Rüschen, zieren sie Dolde, Stängel, Beere und Ast. Wir bekommen Eissträuße zu sehen, deren Eiszauber begeistert. Schade, dass man keinen zu Hause in eine Vase stellen kann. Erhält die Hagebutte Raureif, wird sie zu einem Bild mit den prachtvollsten Farbkontrasten in Rotweiß. Wer an einem solchen Raureiftag unterwegs ist, erlebt ihn als einen Festtag des Winters. Doch, wie alles Schöne, ist seine Zeit begrenzt. Die Sonne bringt nicht nur die Kristalle zum Leuchten, sie ist es auch, die sie wieder verlöschen lässt. Oft gewährt sie ihnen nur die Zeit der Vormittagsstunden für unsere Bewunderung; nur selten schenkt sie dem Raureif einen oder zwei Tage in unserer Region.

Beim Blick zum Kuhteich fielen nicht nur die »kopflosen« aufgereihten Graureiher auf, die Kopf und Hals tief in das Gefieder gesteckt hatten, sondern auch zwei Kormorane. Auffällig der eine, denn er schien sich wegen der Kälte eine weiße Haube aufgesetzt

zu haben. Doch eine Haube ist es nicht. Das Fernglas klärte die Situation. Die weiße Kopfzeichnung ist Ausdruck, dass sich der Vogel bereits in Balzstimmung befindet. Zum Ende der Pirsch gab es noch eine Überraschung: Ein Fuchs lief auf dem Eis des Grabens. Ihn interessierten sicher die Nutrias. Die jungen Nutrias wären für ihn ein gutes Frühstück. An die Alttiere wagt er sich kaum heran. Sie sind wehrhaft und verteidigen sich vehement, meist laut zähneknirschend. Ich konnte einmal beobachten, wie ein erwachsenes Tier erfolgreich einen mittelgroßen Hund in die Schranken verwies.

Die Natur wandelt sich. Der Frühling kündigt sich an. Vorfreude auf Veilchen, Scharbockskraut und Krokus, auf die Stimmen von Lerche, Star und Amsel.

Pirschtag, 05.05.2020

Grünmühlbach. NABU-Land. Erlenbruch mit Bitterem Schaumkraut. Knabenkrautwiese.

Wetter: Regenschauer zum Beginn. Dann aufgeheitert, mit Guckfenster ins Blaue.

Ich stelle das Auto an der Brücke des Grünmühlbaches ab, um zu wandern. Begrüßung durch Goldammer und Grauammer. Ein Kranichpaar äst auf einem Feld vor Commende. Auf dem Damm der Biber liegt frischer Schlamm. Hier ist ein Bibersitz mit geschälten Pappelästen. Zu sehen ist eine große Fraßstelle in der Gerste. Der Kauf der neun Hektar großen landwirtschaftlichen Nutzfläche rechtsseitig vom Bach durch den NABU hat den Konflikt mit den Bibern gelöst. Ich ersteige die Jagdkanzel am Bach, der blütenschön von der Wasserfeder (Foto S. 51 rechts) gefärbt ist. Vom zweiten Biberstaudamm angestaut, fließt Wasser in die Sumpffläche. Hier ein Bollwerk in erstaunlicher Größe, die Rispen-Segge, deren Horste als wahre Riesen die Landschaft prägen. Ich kenne keinen Ort, wo so viele und mächtige Seggenbülte wachsen. Sie halten mich fest und so schaue und schaue ich. Das von den Bibern errichtete Wehr am Ende des Erlenbruchs entscheidet über den Zufluss des Wassers. Erfreulich: Es fließt. Ein Kranichpaar trompetet. Es hat mich gesehen und warnt. Für mich ist das ein froher Moment: Zwei Paare leben im Gebiet. Ein weiterer Staudamm, der wie eine große Schlange durch den Bruch wandert, führt zu einer größeren Überflutung. Die vielen Fallbäume, kreuz und quer gefallen, geben dem Bruch ein wildes Antlitz. Wohin ich sehe, schaut mich der Frühling mit hellen, strahlenden Augen an. Weiße, blumige Inseln durchziehen den Raum. Das Bittere Schaumkraut wird zur weithin leuchtenden Fackel der Lenzenzeit. Ein Fallbaum dient mir als Verweilbank. Ich bewege mich behutsam durch die schöne Sumpfwildnis. Immer gewärtig, im Schlamm zu versinken oder Wasser zu schöpfen. Ein gelber Fleck leuchtet

wie eine Sonne im Grünen. Was ich so goldig leuchten sehe, bekommt grüne Blätter und dottergelbe Blüten: die Sumpfdotterblume. Zur Schönheit erblüht, bildet sie mit dem Bitteren Schaumkraut ein Frühlingsblumen-Gebinde. Wohlgerüche erreichen mich. Sie steigen aus den rosafarbigen Blüten der Wasserminze heraus.

Der Bruch geht in eine Wiese über, ein Orchideenkleinod, welches als ein Flächennaturdenkmal geschützt ist. Der Regen in den Vortagen ist der Wiese gut bekommen. Beim darüber Hinwegschauen bekomme ich ein buntes Blumenmosaik zu sehen. Ich möchte mit der Mönchsgrasmücke singen und wie der Buntspecht trommeln über den stimmungsvollen Frühlingstag. 82 Breitblättrige Knabenkräuter ragen mit ihren dunkelroten Ähren aus dem Gras heraus. Ich entdecke blaue Flecken im Grünen; der Kriechende Günsel hockt im Nest. Um die 100 Pflanzen halten einander fest und schauen blauäugig aus den Blattachseln heraus. Die Gärtnerin Natur hatte es wahrscheinlich eilig, als sie den Samen der Buschwindröschen verstreute, und so blühen sie an vielen Stellen der Wiese. Beim Weiterschreiten blaut es wieder vor meinen Füßen. Dichtgedrängt, dabei immer bedacht, in die Breite zu wachsen, entstand ein kleines Gartenbeet der Soldatenpetersilie. So wird der Gundermann ebenfalls bezeichnet. Aber auch den Namen Erdveilchen finde ich treffend, wie er sich mit seinen Ausläufern an die Erde schmiegt und die Blüten mit ihrem Violettblau den Veilchen gleichen. Zum Mosaik der Wiesenfarben zählt der gelbe Hahnenfuß, das weiße Schaumkraut und die rote Kuckucks-Lichtnelke. Schön, artenreich und wild ist die Natur am Grünmühlbach.

Pirschtag, 15.05.2020

Eine Gesangsmeile mit Schellengeläut am Benkenteich.

Wetter: Frühlingsschön. Sonnenreich. 16°C. Der Wind streichelt die Blätter. Loblied der Vögel.

Wer im Mai den Dammweg des Benkenteiches entlang wandert, erlebt eine Gesangsmeile. Hier begleiten ihn fast ununterbrochen die Lieder der Rohrsänger. Bereits am Zufluss des Teiches wird der Naturfreund vom Drosselrohrsänger mit seinem charakteristischen »karre-karre-karre-kiet-kiet-kiet« begrüßt. Um ja nicht übersehen zu werden, sucht er stets die Spitze des Schilfhalmes auf. Schwankt der Halm auch im Wind, ihm macht das nichts aus. Selbst der Regen ist für ihn kein Anlass, sein Lied abzubrechen.

Der Teichrohr- und der Sumpfrohrsänger als Teilnehmer und Mitgestalter der Liedermeile, oft nur wenige Meter voneinander getrennt, wollen natürlich auch gehört werden. Es gibt einen Ort, wo sie sich als Gesangstrio einfinden. Dabei nutzen der Teichrohrsänger (Foto links unten) und Sumpfrohrsänger vor allem die Pausen des großen lautstarken Drosselrohrsängers (Foto unten), um mit ihrem Lied den schönen Frühlingstag zu huldigen. Singt das Rohrsängertrio zusammen, wird es schwer, sie auseinanderzuhalten. Zumal sich die Vögel verstärkt in Szene setzen, wenn sie den Menschen bemerken. Und da sie, so scheint es, untereinander im Gesangwettbewerb stehen und jeder sein Bestes gibt, werden sie für uns zu Stimmungsmachern des Frühlings. Bemerkenswert ist bei jedem Sänger, dass er in seinem Lied auch eine Melodie des anderen aufgenommen hat.

Um nicht mit dem Drossel- oder Teichrohrsänger verwechselt zu werden, hat sich der Sumpfrohrsänger für die Gestaltung seines Liedes etwas Besonderes einfallen lassen: Er imitiert andere Vögel. Wer Zeit zum Verweilen hat und die Teichböschung zum Sitzen nutzt, bekommt von ihm ein reichhaltiges Potpourri von Vogelstimmen vorgetragen: so das Geflöte der Amsel, das Geschilpe des Sperlings, das Pfeifen des Stars, das Miauen des Bussards, das Locken des Rebhuhnes oder Liederteile der Dorngrasmücke. Wer die beiden anderen Rohrsänger als Solisten vernimmt, hört raue und kratzige Lieder, angepasst an die Stimme des raschelnden und raunenden Schilfs.

Eine weitere Überraschung ist jetzt dem Wanderer auf dem Dammweg sicher: Schellengeläut ist zu hören. Bald klingt es nah, bald klingt es fern. Wie intensiv ich auch herumschaue, der »Schellist« ist nicht zu sehen. Wer ist der Geheimnisvolle? Zu hören ist

das Geläut immer dann, wenn die rivalisierenden Schellenten-Männer das Wasser verlassen und über das Gewässer fliegen. Ihr Fluggeräusch ist das Geheimnis. Es wird zum tönenden Klingeln und zur Namensgebung für die Ente.

So zahlreich wie 2020 war die Schellente auf dem Benkenteich noch nicht vertreten. Nach mehreren Zählversuchen kam ich auf 16 bis 18, wobei die Damen überwogen. Mit dieser Anzahl ist sie die dominierende Entenart auf dem Teich. Weder Reiherente noch Tafelente waren zu diesem Zeitpunkt zu entdecken, lediglich einige Stockenten.

Das große Interesse der Schellenten (Fotos oben und unten, rechts Erpel) für den Benkenteich hat natürlich einen Grund. Hier sind eine Vielzahl von Nistkästen für sie angebracht, die sie als Höhlenbrüter benötigen, und ihr bevorzugter Lebensraum sind Waldgewässer. Deshalb wird sie auch als Waldente bezeichnet. Eine Schellente führt bereits seit zwei Wochen ihren Nachwuchs über den Teich. Sicherlich werden noch weitere hinzukommen.

Pirschtag, 26.05.2020

Klitzschener Teiche. Blässhuhnfamilie. Wieder Rohrdommelrufe. Frösche. Vogelkonzert. Seerosen. Abwasser? Rohrweihen. Ich treffe mich mit Eckhard Baumbach. Wir wollen seine Biberreviere kontrollieren.

Wetter: Mit Tupfern bemaltes Himmelszelt, um das ein leichter Wind schleicht, mit 23°C.

Ich setze mich auf die Bank vor dem ehemaligen Badebecken. Zu DDR-Zeiten entstanden, lange nicht genutzt und für die Fischer ohne Bedeutung, ist es jetzt privat verpachtet. Ich sehe große Schuppenkarpfen, Goldfische und eine Blässhuhnfamilie mit fünf Küken. Warum hackt das Blässhuhn auf eines ihrer Küken ein? Ich sehe eine Zurechtweisung, die ich als brutal empfinde. In der Mitte des Beckens ist ein Bereich für Seerosen in den Farben Rot und Weiß abgeteilt. Für unsere frühen Vorfahren war die Seerose keine Blume, sondern eine verzauberte Seejungfrau. Wenn es Mitternacht wird und der Mond das Wasser küsst, dann tanzt und spielt sie auf den silbernen Seen. Die großen Blüten und die edel geformten Knospen der Seerosen sind eine Blumenpracht und Inspiration für einen Landschaftsmaler. Die breiten Seerosenblätter sind die Inseln der Frösche. Auf vier Blättern hocken fünf Grüne. Drei Große glotzen sich an: Es sind Rivalen, die ihre Stärke durch lautes Rufen beweisen wollen. Einen Sieger kann ich nicht heraushören. Der Vogelchor singt im großen Natursaal: Teich- und Drosselrohrsänger, Kuckuck, Pirol, Star, Mönchsgrasmücke, Amsel, Buchfink, Nachtigall. Die Große Rohrdommel haut fünfmal laut und dumpf auf die Pauke und der Specht trommelt, als könne er nicht aufhören. Ich wandere den Dammweg am Großen Teich entlang, der links von einem Graben begleitet wird. Aus diesem steigen stinkende Gerüche auf. Das Wasser ist trüb und weißlich gefärbt. Woher kommt das eingeleitete Abwasser? Ich entdecke ein Rohr, aus dem in Abständen von Tagen (ich habe wiederholt kontrolliert) milchiges Wasser in den Graben fließt. Allerdings kann in kleinen Gräben mit wenig Bewegung das Wasser faulen und damit stinken, ohne dass Abwasser beteiligt ist. Der Biber lässt sich jedoch nicht von der miesen Qualität des Wassers abhalten, im Graben einen Staudamm zu bauen. Frischer Schlamm und geschälte Äste liegen auf dem Stauwehr.

Von den Treppen am Abfluss habe ich einen guten Rundblick. Erfreut zähle ich 37 Tafelenten. Unter ihnen halten sich zwei Pärchen Kolbenenten auf. Fast nicht zu entdecken waren die drei Schellentendamen, die ich anfangs den Tafelenten zugeordnet hatte. Stolz präsentiert ein Schwanenpaar seine acht Kinder einer Kindergruppe, die nur ihretwegen diesen Spaziergang unternommen hat. Die Kontrolle der Biberreviere ergab: Den Bibern geht es gut.

Pirschtage, Mai 2020

Brutkästen für Schellenten und Eulen.

Wetter: Nur 31 mm Niederschlag. Temperaturen zwischen 15°C und 25°C.

2020 fragten sich die Torgauer Naturschützer, warum nur ein Schellentenpaar von den zwölf im Benkenteich lebenden Paaren Nachwuchs hatte. Zumal mehrfach beobachtet wurde, dass eine Vielzahl von Schellentenweibchen die Brutkästen aufsuchte und es sogar Streit um diese gab. In der Diskussion um die Ursache wurden immer wieder Waschbär und Marder genannt. Beide sind gute Kletterer und zu ihrem Nahrungsspektrum zählen Eier und Entenküken. Um ein Hochklettern zu den Brutkästen zu verhindern, hat sich das Anbringen einer Plastikumhüllung am Baum bewährt. An der glatten, steifen Plaste können sich die Tiere nicht festkrallen und somit nicht an die Vogelkästen gelangen. Für diese Schutzmaßnahme konnte die Umweltwerkstatt der Stadt Torgau gewonnen werden, die Anfang Mai allen neun Brutbäumen ein Plastikkorsett verpasste. Damit sind die Aussichten für die drei diesjährigen Schellentenpaare für eine erfolgreiche Brut um ein Vielfaches gestiegen, so sie brüten sollten. Das taten sie dann auch. Ich entdeckte zwei Enten, die vier Gössel betreuten. Von den Schutzmaßnahmen für die Schellenten profitieren auch die Eulen, die ebenfalls die Kästen aufsuchen.

Pirschtag, 10.06.2020

Neumühlteich-Graben bei Schildau, im Wald, teichseitig; sich windend wie eine Riesenschlange. Fallbäume über dem Graben. Eine Biberfamilie vor Ort. Drei Staudämme und ein Wohnbau. Seit Jahrzehnten kein Eingriff durch den Menschen.

Wetter: Im Himmelblau spazieren die Wolkenpferde. Mal im Duett, mal als große Gruppe. 26°C. Leises Flüstern der Laubblätter.

Das wilde Naturgebiet am Neumühlteich wollte ich an diesem wolkenschönen Tag genießen, wo mächtige Eichenskelette den Graben versperren, alte Erlen an seiner Böschung mit ihren Wurzeln Fuß fassen, Biberstauwehre das Wasser anstauen und Biberwohnbaue als große Astburgen errichtet sind. An diesem Ort bleibt man allein und ungestört.

Auf einem Fallbaum sitzend, fühle ich mich von Wald und Graben eingeladen, die wilde Schönheit zu beurteilen, gleich einem Gemälde. Die Stille veranlasst den Blick zum Verweilen, um im Detail das Besondere zu entdecken.

Der Wald-Teichgraben blieb von Begradigungsmaßnahmen verschont. So schlängelt er sich wie eine Riesenschlange, kurvenreich, im Zickzackstil bis in die kleine Teichbucht. Plötzlich flog ein Silberreiher ein. Er baumte auf dem über dem Graben liegenden Fallbaum auf. Im vom Biber angestauten Graben wollte er nach Fröschen und Fischen jagen. Wie eine Gestalt aus dem Märchen stand er mit ausgebreiteten Flügeln im Geäst. Der Wind wehte Vogelstimmen zu mir. Die Eichelhäher haben mich entdeckt. Laut schimpfend teilten sie es den Waldbewohnern mit. Zwei Kolkraben, davon neugierig gemacht, flogen in großer Höhe an mir vorbei und bestätigten warnend meine Anwesenheit. Ein Ringeltäuberich blieb jedoch unbeeindruckt; er ließ sich nicht einschüchtern. Die unweit von ihm sitzende Taubenschönheit veranlasste ihn zum Werbegesang: Strophe für Strophe folgte. Ihr schien es zu gefallen. Das Gefieder mit dem Schnabel zurechtlegend, schaute sie wiederholt zu ihm hinüber – sicherlich mit Zuneigung.

Mein langes stilles Ausharren veranlasste eine Brandmaus, ihr Versteck zu verlassen. Sie lief zu einem Rasenschmielenhorst, schnitt einige Halme ab, zerraspelte sie und füllte damit ihren Magen. Schön ist sie anzuschauen mit ihrem schwarzen Streifen, dem Aalstrich, der sich von der Stirn bis zur Schwanzwurzel hinzieht. Als sie beim Weiterlaufen einen von den Bibern frisch abgeschnittenen Faulbaumast erreichte, blieb sie davor sitzen und nagte die Rinde ab.

Ein Vogeltrupp aus Kohl- und Blaumeisen sowie einigen Kleibern zog plappernd und flötend an mir vorbei. Dies war Anlass für mich aufzubrechen und die Pirsch frohgemut zu beenden.

Ich riech die Erde

Noch riech ich die Erde.
Spür den Wind auf meiner Haut.
Ach, wie ich das Morgenrot verehre,
das Lied der Lerche im Jubellaut

Einsam ist diese Stunde
in der die Stille lebt.
Ich spür auf meinem Munde
den Kuss der Sonne vom Himmel
zugeweht.

Er wird zu meinem Wegbegleiter
mit Liedern, die kein Ende finden.
Wie schön wird mir der Tag und heiter
im Blütenduft der Linden.

Pirschtag, 02.07.2020

Klitzschener Teiche. Vororttermin mit den zuständigen Behörden, um das Ortsschild zu verlegen.

Wetter: Der Himmel wird zum Gebirge. Die Wolken formen sich zu Bergen und Tälern. Sie laden uns zum Picknick auf ihren Almwiesen ein. 28°C.

Ich bin heute in der Funktion als Kreisnaturschutzbeauftragter unterwegs. Anlass ist die von mir als Todesstraße bezeichnete Ortsdurchfahrt in Klitzschen. Diese verläuft nicht nur durch den Ort, sondern auch durch die Teiche. Sie trennt den Pfarrteich vom Großen Teich. Für alle Tiere, die die Teiche wechseln, besteht damit die Gefahr, mit einem Fahrzeug zu kollidieren. Bisher haben fünf Fischotter, zehn Biber und ein Schwan durch eine Kollision mit einem Pkw oder Lkw ihr Leben eingebüßt. Der in diesem Jahr überfahrene Fischotter war für mich Anlass, in der Öffentlichkeit Alarm zu schlagen und die Naturschutz-Behörde aufzufordern, Schutzmaßnahmen für Otter und Biber zu ergreifen. Mein Hilferuf wurde von der Behörde gehört und so treffen sich heute vor Ort alle zuständigen Institutionen, die zur Entspannung dieser Gefahrensituation für die Tiere beitragen können: Naturschutz-Behörde, Verkehrsbehörde, Verkehrspolizei, Straßenmeisterei, Bürgermeister, Kreisnaturschutzbeauftragter. Mit dem Vororttreff will ich erreichen, dass das Ortsschild außerhalb der Teiche aufgestellt wird. Jetzt befindet es sich vor dem Dorf und innerhalb der Teichlandschaft. Das Ergebnis lautet: keine Veränderung. Die Anzahl der verkehrstoten Tiere reicht nicht aus, um das Ortsschild zu verlegen und so die Geschwindigkeit auf 30 km/h zu begrenzen. Für den Naturschutz ist das ein niederschmetterndes Ergebnis.

Ich muss den Trübsinn bekämpfen und Freude tanken. Die finde ich am Umfluter des Großen Teiches Torgau, der sich in floristischer Schönheit vorstellt. Zu keiner anderen Jahreszeit ist er so bunt. Die Blumen haben ihre Läden geöffnet und so schwirren die Insekten herbei. Ich stelle den Klappstuhl auf und bilde mir ein, von den Blumen eingeladen worden zu sein. Ich sehe ein fröhliches Treiben, oft als Tanz ausgeführt von den Schwebefliegen, Bienen, Hummeln sowie vom Großen Ochsenauge, Bläuling und dem Großen Kohlweißling. Dann kurvt auch noch ein Taubenschwänzchen umher. Das fröhliche Leben steckt an. Der Tag wird wieder froh für mich.

Pirschtag, 22.05.2020

Aufenthalt bei den Klitzschener Teichen. Haubentaucher. Rohrweihen. Rufe der Großen Rohrdommel.

Wetter: Der Himmel ist in sein Blau verliebt und so regiert die Sonne ohne Einschränkung bei maximal 24°C.

Der Mai 2020 wird für mich zum Monat der Klitzschener Teiche. Ich musste sie in mein Herz schließen. Durfte ich doch ihre Schätze sehen? Ich bekam Geschenke überreicht, die ich nicht erwartet habe. Ich höre den Ruf der Großen Rohrdommel. Lang ist es her, dass ich den Moorochs hörte. Freude! Freude! Der Balzruf kommt aus dem Schilfdickicht des Großen Teiches. Ich hoffe auf ihren Anblick. Das Haubentaucherpaar ist mit seinem vierköpfigen Nachwuchs unterwegs. Diese bettelnd. Immer wieder versuchen sie, in das Rückengefieder der Eltern zu kommen. Ich glaube, die Vogelmutter wird bevorzugt oder ihre Bereitschaft zur Aufnahme ist größer. Diese Art der Fürsorge ist einzigartig. Vier junge Haubentaucher genießen die Wärme, schauen aus dem Gefieder heraus und lassen sich füttern. Ein Drosselrohrsänger klettert an einem Schilfhalm nach oben und singt sein Karre-Karre-Kiet-Lied. Ein Zweiter folgt. Silbermöwen fliegen über den Teich. Eine Rohrweihe im akrobatischen Balzflug. Sie überschlägt sich in großer Höhe, rast nach unten und fängt sich kurz vor der Wasserfläche. Später sehe ich sie zur Insel fliegen, wo sie einen Schilfhalm aufnimmt. Dabei erschreckt sie die am Ufer rastenden Stock-, Tafel- und Kolbenenten sowie die Blässhühner. Diese nutzen ein ehemaliges Schwanennest als Ruheplatz. Auf den Birken trocknen acht Kormorane ihr Gefieder. Ich stelle ein zweites Rohrweihenpaar fest, das oberhalb des Großen Teiches sein Nest baut. Ein Fischadler erscheint. Er kreist mehrmals und stürzt dann herab. Im Fernglas erkenne ich einen Karpfen in seinen Fängen. Im Teich sind viele Karpfen. Auch die Weißfische sind zahlreich und blinken mit ihren Körpern. Sie sind das Futter für die Haubentaucher (Foto unten). Es brütet ein zweites Haubentaucherpaar.

Pirschtag, 15.07.2020

Die Biber verließen das Revier Ziegelteich Arzberg und zogen in ein Rohr ein. Die Situation der Biber ist katastrophal. Vorortkontrolle.

Wetter: Wolkenreich. Regenschauer mit 2 mm Niederschlag. 19°C.

Als es noch in jedem Jahr ausreichend Regen gab, die Elbe jährlich ein bis zwei mittlere Hochwasser erlebte, führte auch der Koßdorfer Landgraben Wasser. Doch die wasserreichen Zeiten sind offenbar vorbei. Zu den leidtragenden Tieren zählen auch die Biber. Der Ziegelteich bei Arzberg – einst ein sicheres Revier – trocknete aus. Das veranlasste den bisher dort beheimateten Biber, nach einem neuen Lebensort zu suchen. Doch wohin, wenn ringsherum die Feuchtbiotope verschwunden sind? Seine Aktivitäten endeten im Koßdorfer Landgraben in der Gemeinde Arzberg.

Am 15.7. bekam ich seine miserablen Lebensumstände zu sehen. Gemeinsam mit zwei Mitgliedern des Gemeinderates machte ich mir ein Bild von der gegenwärtigen Situation des Bibers. Was ich hier zu sehen bekam, kann nicht negativer für einen Biber sein. Der Graben ist in diesem Bereich vollkommen trocken. Die eigentliche Überraschung war für mich, dass sich der Biber ein Tonrohr im Graben als Wohnsitz ausgewählt hatte. Der große Kothaufen davor lässt den Schluss zu, dass er hier schon länger wohnt. Armer Biber! Zu seinem Lebenselixier zählt das Wasser. Tauchen und Schwimmen sind sein Leben.

Seine Anwesenheit und seine Aktivitäten wurden sichtbar, als er begann, die Weiden an der Böschung zum Spielplatz zu benagen und zu fällen. Für den Biber stellt sich hier die Frage: »Wie komme ich aus diesem Dilemma heraus?«. Er hat eine Chance, dieses zu seinen Gunsten zu verändern, wenn er abwärts bis zur Abwasseranlage der Gemeinde wandert. Hier ist ein größerer Abschnitt gut mit Wasser gefüllt. Man möchte dem Biber zurufen: »Biber, lauf weiter! Biber lauf weiter! Noch ist nicht alles für dich verloren.«

Pirschtag, 25.07.2020

Melpitzer Wiesen – Abschnitt am Umfluter mit breiter sandiger Böschung. Lerne die Grabwespen kennen und lüfte ihr Geheimnis. Fünf mehrstündige Ansitze bei ihnen.

Wetter: Wolkenprächtig. Sonnenschön. 27°C. Die Pflanzen bekommen Durst.

Ich hocke auf den Knien. Vor mir fliegen die Grabwespen herum. Sie sind nicht aggressiv. Ich sehe sie in ihre Kolonie ein- und ausfliegen. Sie verschwinden in der Erde und kriechen wieder heraus. Was treiben sie hier? Ein Rätsel ist zu lösen. Geheimnisvoll sieht es in der Kolonie aus. Ich zähle 17 kleine helle Sand-Kieshügel aneinander gereiht. Mit unterschiedlichen Abständen zueinander. Es sind Orte emsiger Tätigkeit. Jeder wird zu einem Claim mit einem fleißigen Schürfer, der einen Tunnel bzw. eine Röhre gräbt. Manche beginnen ihre Schürfarbeit gerade, andere beenden sie. Das Grabmaterial wird mit den Vorder- und den Hinterbeinen nach draußen befördert, sodass ein kleiner Hügel entsteht. Das Graben der Röhre ist Schwerstarbeit für die knapp 3 cm große Grabwespe. Ihre Arbeit wird an diesem Standort durch kleine Kieselsteine erschwert, die sie mit ihren Vorderbeinen herausschiebt. Das gelingt oft erst nach mehreren Anläufen. Doch der Einsatz ist unverzichtbar. Der Lohn ist das Fortleben der Art, ist Grabwespenzukunft. Die Röhre ist die Geburtsstätte für ein neues Insektenleben.

Begeistert von ihrer Verhaltensweise verbleibe ich drei Stunden an der Kolonie und beobachte von meinem Klappstuhl aus das Geschehen. Eine Grabwespe hat, wie es scheint, ihre Grabtätigkeit beendet. Sie bewegt sich wie im Tanz um und auf dem Hügel. Ist es Freude darüber, ihr Werk erfolgreich geschafft zu haben? Oder ist es ein Kontrollgang, um nach Feinden zu schauen? Nach einer kurzen Entfernung sehe ich sie mit einer gelähmten Heuschrecke zurückkehren. Sie legt die Sichelheuschrecke vor der Röhre ab, kriecht hinein und zerrt sie hinunter. Drei weitere Schrecken folgen. An alle heftet sie ein Ei. Ich erkenne auch eine Roesels Beißschrecke. Dann überrascht sie mich mit einer ungewöhnlichen Handlungsweise. Sie scharrt mit den Beinen Sand in die Röhre und verschließt sie mit Kieselsteinen. Der Rest des Sandhügels wird von ihr breit gescharrt, der Hügelplatz planiert. Sie beseitigt damit die Spuren ihrer Grabtätigkeit. Kein Fressfeind soll erfahren, dass hier eine neue Grabwespengeneration heranwächst.

Ich sollte auf der Wiese noch drei weitere Kolonien entdecken. Aus der Literatur entnehme ich, dass meine Grabwespe zur Art Sphex rufocinctus gehört und diese als einzige Art Heuschrecken als Nahrung für die heranwachsenden Insekten zur Verfügung stellt. In Sachsen gilt diese Grabwespe als ausgestorben bzw. als verschollen.

Pirschtag, 30.07.2020

Bei den Grabwespen – Standort Sandhügel am Schwarzen Graben. Der Große Wiesenknopf blüht. Ameisenbläulinge.

Wetter: Temperatur 25°C. Angenehm. Wolke als riesiger weißer Streifen. Er entwickelt sich zu einer schönen Himmelsschleife.

Vom Umfluter bin ich zu den drei Grabwespenvorkommen am Schwarzen Graben umgezogen. Hier bin ich ungestört, ungesehen. Ich genieße die Hochzeit der Natur – den Sommer. Die Grabwespen haben die drei sandigen Wiesenhügel zu ihrem Lebensraum, für die Geburtsstätte ihres Nachwuchses, auserkoren. Entstanden sind die drei Sanderhebungen am Graben wahrscheinlich bei früheren Gewässer-Pflegemaßnahmen. Zu jeder Kolonie zählen 15 bis 25 Ausgrabungshügel. Ich habe meinen Klappstuhl aufgestellt und bin froher Erwartung. Die Kolonie besteht aus 21 Claims. Einige sind bereits verschlossen. Es sind auch aufgegebene dabei. Vielleicht sind die Bodenverhältnisse an diesen Stellen ungeeignet. Der Männerüberschuss ist groß. Erscheint eine weibliche Grabwespe, stürzt sich die gesamte Männerschar auf sie. Die Überwältigung beginnt. Die Auseinandersetzungen untereinander sind heftig. Hin und wieder springen gleich zwei Männchen auf ihren Rücken. Endlich gelingt ihr die Flucht in die Röhre. Unmittelbar neben meinem Fuß sind zwei Grabwespen aktiv. Ich zähle einmal drei und einmal vier Heuschrecken, die sie in die Röhre hinunterziehen. Jeweils Beißschrecken, sie zählen zu den häufigsten im Gebiet. Danke, Grabwespen! Ich lernte ein großartiges Insekt kennen.

Nebenan schimmert es braunrot vom Großen Wiesenknopf. Seine Blütenfarbe gibt es kein zweites Mal. Die Höhe seines Blütenkopfes erreicht keine andere Wiesenpflanze. Er ist nach dem frühen Schnitt im Mai rasant wieder nach oben gestiegen. Seinetwegen sind hier auch die Ameisenbläulinge unterwegs. Ich zähle fünf. Ameisenbläulinge müssen sich einer verrückten Lebensstrategie unterwerfen. Sie brauchen die Blüten des Großen Wiesenknopfs für ihre Eier, damit sich darin die Raupen entwickeln können. Diese wiederum benötigt eine Ameisenart als Amme, damit aus der Raupe ein Schmetterling entstehen kann. Warum muss die Entwicklung eines Insektes so kompliziert, ja so abenteuerlich sein, liebe Natur? Ich sehe die Grabwespen auch auf den Blüten des Wiesenknopfs (Foto links oben).

Pirschtag, 07.10.2020

Fischstau am Verteilerwehr Großer Teich Torgau. Teichinsel mit Kormoranen, Graugänsen, Silberreihern, Seeadlern.

Wetter: Wolken und Sonne spielen miteinander und machen den Himmel lebendig. Der Wind ist schläfrig und macht immer wieder eine Pause.

Als ich den Graben entlang lief, bekam ich ein brodelndes Gewässer zu sehen. Geräusche waren zu vernehmen, die sich anhörten, als würde das Wasser ganz leicht kochen, wallen und sprudeln. Ursache waren Tausende von kleinen Fischen, die Kopf an Kopf im Graben standen. Ich erkannte mehrere Weißfischarten, aber auch Spiegelkarpfen, die aus dem abfließenden Großen Teich grabenaufwärts gezogen waren und am großen Wehr nicht weiterkamen. Es gab in den zurückliegenden Jahren wiederholt ähnliche Situationen. Wer sie erlebt, fragt sich, ob sich das nicht verhindern lässt und ein Teil der kleinen Fische gerettet werden kann? Vielleicht ist ein Fangen und Umsetzen denkbar! Der NABU und der BUND würden eine solche Aktion unterstützen. In diesem Jahr ist die Menge der Wildfische besonders groß. Ich kann mich nicht erinnern, jemals mehr beobachtet zu haben als gegenwärtig und das trotz der Rekordzahl von rund 1000 zur Zeit anwesenden Kormoranen. Doch verwunderlich ist diese riesige Zahl der Fischjäger im Großen Teich Torgau nicht, da für sie einige Gewässer wegen der Trockenheit als Nahrungsquelle ausgefallen und andere bereits abgefischt sind.

Erwähnenswert ist in diesem Zusammenhang, dass 2019 der Wildfischanteil im Großen Teich fast null Prozent betrug. Legt man einen Fischverzehr von 0,5 kg je Kormoran zugrunde, so werden bei einer geschätzten Zahl von 1 000 Kormoranen täglich 500 kg Fisch verzehrt. Für die Fischer sind die Vögel natürlich ein ernstes Problem, da sie den Ertrag schmälern und die großen Karpfen in eine Stress-Situation versetzen.

Auf der Kiesbank unweit des Strandbades, die sich einst als Insel präsentierte, rastet das schwarze Vogelvolk der Kormorane, dicht gedrängt und in Gemeinschaft mit Gänsen und Möwen. Eine genaue Zählung ist nicht möglich. Erst als ich mehrere Aufnahmen von dem riesigen Pulk machte, gelang es annähernd, die Menge und die Vogelarten zu bestimmen. Dagegen war die Zahl der Reiher recht gut zu bestimmen, da sie aufgereiht entlang des Röhrichtgürtels standen oder auf den Uferbäumen saßen. An diesem Tage hatten sich 148 Silberreiher und 36 Graureiher eingefunden. Hin und wieder ist auch das Seeadlerpaar auf der Kiesbank in unmittelbarer Nähe der anderen Vogelarten zu sehen. Wie es scheint, kommen sie friedlich miteinander aus. Doch sobald sich die Adler erheben, flüchtet alles, was Federn hat.

Natürlich ist der Graben dicht von den Vögeln umlagert. Hier finden alle Fischfresser ein »Tischlein-deck-dich« vor. Bei meinem Aufsuchen flüchteten zwischen 30 und 40 Silberreiher und sechs bis acht Graureiher. Dass das Eisvogelpaar ebenfalls am Schlemmermahl beteiligt ist, verrieten beider Rufe, die immer wieder zu hören waren, wenn sie einander begegneten. Diese ungewöhnliche Situation ist Anlass für mich, das Tarnzelt am Graben aufzustellen. Ganz nah will ich dabei sein, den Fischjägern zuzuschauen, wenn sie durch das Schlaraffenland schreiten oder die Vogelschönheit Eisvogel auf der Sitzwarte vor mir Platz nimmt. Das Zelt habe ich mit Rohrglanzgras verkleidet, sodass es sich nur wenig von der Grabenböschung unterscheidet. Die Anpassung gelingt bestens und so erlebe ich eine Audienz Auge in Auge mit Reiher und Eisvogel.

Bei einer Kontrolle der Fischarten der Senke am Wehr finde ich Spiegelkarpfen, Schleie, Moderlieschen und Giebel. Dominierend sind die Giebel. Überrascht hat mich, dass keine Barsche, Rotfedern sowie Plötzen ermittelt wurden.

Pirschtag, 03.11.2020

Bunt ist der Herbst am Großen Teich Torgau. Beitrag für die Torgauer Zeitung

Fallen überall die Eicheln

In Stille ist der Teich erstarrt.
Kein Vogel ringsumher.
Nur im Schilf ist ein Raunen
und Flüstern.
Lautlos taumeln die Blätter
hin und her.

Das Morgenrot weckt die Stille,
treibt ein Lüftchen vor sich her.
Ein Waldkauz ruft ganz irre.
Ihm fällt der Abschied schwer.

Brummend neigen sich
die alten Eichen
mit ihren Ästen schützend
übern Teich.
Fallen überall die Eicheln
kommt des Herbstes bunte Zeit.

Wenn auch seine Lieder
stürmisch klingen,
unser Tritt ist stark und fest.
Kinder kommt, lasst uns
den Herbst besingen.
Er gibt sein schönstes Fest.

Der Herbst ist auch ein lustiger Gesell. Wenn es ihm passt und er die Gelegenheit bekommt, wirft er mit seinen Früchten nach uns. Wer jetzt bei windigem Wetter unter den Eichen wandert, muss sich in Acht nehmen, um nicht von den Eicheln getroffen zu werden. Gar viele hängen in den Ästen und zahlreich sind die Stieleichen im Umfeld des Großen Teiches. Prächtig sind die am Ellergraben, der den Teich im Süden umfließt. Zu verdanken haben wir sie den Fischern, die sie 1890 im Auftrag der Domäne gepflanzt haben. Die Bäume zählen auch immer wegen ihrer eindrucksvollen Gestalt und ihres landschaftsprägenden Charakters zu meinem Pirschziel im Gebiet. Oft unmittelbar an der Grabenböschung stehend, reichen ihre mächtigen Kronen bis zum anderen Gewässerufer. Fährt eine Windböe durch sie hindurch, fallen in Mengen Eicheln laut platschend ins Wasser, wobei sich eine Vielzahl unterschiedlich großer Fontänen bildet. Als ich eine der Fontänenaufnahmen vergrößerte, bekam ich eine attraktive Aktion des Herbstes zu sehen. Dafür habe ich folgende Erklärung: Beim Aufprall der Eichel entsteht zunächst eine Wasserblase, die dann zerplatzt und eine vielstrahlige Fontäne bildet. Welch schönes Naturphänomen!

Der naturnahe Ellergraben ist besonders zur Herbstzeit eine Pirsch wert. Die zahlreich an der Böschung wachsenden Schneeballsträucher scheinen in roter Glut zu glimmen, wenn ihre Blätter und Früchte vom Sonnenlicht durchflutet werden. Aus der Ferne leuchten sie wie die Fackeln des Herbstes. Im roten Schmuck präsentieren sich die Weißdornsträucher und die des Pfaffenhütchens mit ihrer reichen Tracht an Beeren. Und mit einem weiteren Abschiedsgeschenk will der Herbst zur Schönheit des Grabens mit einer unendlich dahinfließenden Blättergirlande beitragen. Erlenblatt an Erlenblatt, Eichenblatt an Eichenblatt schwimmen aneinandergereiht dahin und färben die Girlande grün und gelb. Im grünen Umfeld der Grabenlandschaft fallen die weißen abgestorbenen Altbirken mit ihren trockenen Misteln auf – den Hexenbesen. Eine liegt wie zertrümmert im Wasser und gewährt der Girlande eine Pause.

Die zahlreichen aktuellen Aktivitäten der Biber vor Ort sind für mich ein guter Grund zur Freude. Sind sie doch der Nachweis, dass es im Revier Nachwuchs gegeben hat und hier jetzt wieder eine Familie lebt. Diese Tatsache ist deshalb so herauszustellen, da drei meiner Reviere – bedingt durch fehlendes Wasser – keine Biber mehr beherbergen. Ihre Anwesenheit war für mich Veranlassung, ihnen die Falläpfel anzubieten. Allerdings bereiten uns die Biber in diesem Revier, dem Revier Ellergraben, in der Betreuung einen Mehraufwand an Kontrollen, bis zu zweimal in der Woche, da es zu den Konfliktrevieren zählt. Das Gewässer ist für die Zufuhr von Frischwasser für die Fischhälteranlage unentbehrlich. Deshalb ist hin und wieder eine Dammreduzierung erforderlich. Hier müssen sich Mensch und Tier das Wasserrecht teilen. Aktuell war es im Oktober notwendig, den Riesenberg von angehäuften Ästen zu entfernen, um einen Abfluss zu gewährleisten. Diese Maßnahme übernahm in Absprache mit der Naturschutzbehörde und mir die Flussmeisterei, der herzlich zu danken ist.

Pirschtag, 20.03.2021

Unterwegs mit den Zielen: Melpitzer Wiesen, Zinnaer Flut (Rote Furt), Markschienengraben, Bruchwiese. Wolf- und Fuchsbegegnung.

Wetter: Der Frühling wandert durch das Land. Sonnenschön. Hin und wieder schickt der Himmel Schleier. 17°C. Die Temperaturen sind März-gemäß.

8 Uhr. Ich höre die ersten Gesänge der Feldlerchen. In der vernässten Wiesensenke stochern fünf Kiebitze herum. Auch Grau- und Goldammer probieren ihre Stimmen aus und singen dem Frühling ein Loblied, beide auf einem Koppelpfahl. Die breite Böschung der Zinnaer Flut am Eisenbahndamm mit ihren Weidensträuchern ist in der Nacht das Ziel der Biber. Mehrere abgeschnittene Ruten und Zweige liegen geschält am Ufer. Im sonnenbeschienenen Abschnitt der Böschung liegt im hohen Gras ein Fuchs. Sicherlich hat er mich schon längst beobachtet. Ich mache sofort eine Aufnahme, in der Annahme, er wird bei meinem Anblick flüchten. Doch gefehlt! Auch als ich nur getrennt von der Flut ihm gegenüberstehe, verändert er seine Ruhestellung nicht. Wir schauten einander an, als wären wir schon lange Freunde. Mit leiser Stimme wünsche ich ihm einen guten Tag und einen reichen Mäusefang. Ein Blinzeln mit den Augen war seine Antwort. Mit den Worten »bleib liegen, lieber Fuchs, genieße den sonnigen März«, verabschiede ich mich und mache noch eine Aufnahme. Ich blicke zurück. Der Fuchs schaut mir nach.

Auf dem Getreidefeld vor Melpitz äsen 37 Wildgänse. Ich zähle zwölf Saatgänse und 25 Graugänse. Ob die Saatgänse schon unterwegs in ihre Heimat Skandinavien sind? Am Markschienengraben hinter Melpitz parke ich zu einer Wanderung. 18 Kraniche äsen auf dem Feld. Unter ihnen sind auch Familien mit Nachwuchs. Der Graben ist hoch angestaut. Kein Wunder bei den fleißigen Aktivitäten der Biber in jeder Nacht am Damm. Ein Stück Wald hat deshalb schon nasse Füße bekommen. Die Bruchwiese ist eine der wenigen größeren Waldwiesen in der Torgauer Region, die von allen Seiten vom Wald umschlossen ist. Eine Seltenheit ist das Gebiet mit den schönen alten Birken. Dann erlebe ich eine Situation, die ich mir schon lange wünsche. Ich sehe einen Wolf. Er ist gerade auf Mäusejagd. Er jagt ähnlich wie der Fuchs im Sprung. Zwei Minuten darf ich ihm zusehen. Beim Wechseln des Beobachtungsortes bekommt er mich mit. Er schaut kurz zu mir und läuft dann in den Wald. Fünf Wolfbilder gelingen. Der Wolf ist in unserer Region allgegenwärtig. Auf den Melpitzer Wiesen rissen sie 2021 vom Landwirt Potzelt (Entenfang) 16 Schafe. Am Benkenteich überraschten sie einen Biber, töteten ihn und fraßen ihn zur Hälfte auf; ausgewachsen hatten die Nager bisher keine Fressfeinde zu fürchten. Selbst der Fuchs hat großen Respekt vor seinen mächtigen Zähnen. Im Gebiet Alte Elbe Kamitz erlebte ich eine Begegnung Fuchs – Biber, die friedlich verlief. Ich sah, wie der Fuchs auf den Biber zulief, sich etwa drei Meter vor ihm hinsetzte, ihm eine Weile beim Fressen zuschaute und sich dann gemächlich davon machte. Den bisherigen Höhepunkt der Wolfsattacken erlebte der Landwirt Kuno Pötzsch aus Nieder-Audenhain 2022. In sein 110 Hektar großes Wildgehege drangen die Wölfe 14-mal ein und rissen 150 Tiere. Er züchtet Damwild, Rot- und Rehwild sowie Schwarzwild. Eine Entschädigung bekam er nicht.

Pirschtag, 10.05.2021

Hausgarten. Meine Zeit gehört dem Frühling. Ich beobachte und fotografiere den Aufbruch der Jahreszeit.

Wetter: Maienprächtig. 19°C.
Der Windkanal ist geschlossen.

Die Stimmen des Lenzentages versprechen Freude ohne Ende. Bunt und duftend baut sich der Tag vor mir auf. Ich öffne das Flurfenster zum Hausgarten. Der Apfelbaum steht in voller Blüte. Der im Pflaumenbaum und im Birnenbaum rankende Efeu lockt mit seiner reichen Tracht an Beeren Insekten sowie Vögel an. Mein Tribünenplatz für die heutige Gartenpirsch ist die Treppe im 2. Stock. Die Nikon COOLPIIX P1000 auf dem Stativ ist startbereit. Mit ihr habe ich ein gutes Teleobjektiv, womit ich viele meiner Wünsche erfüllen kann. Meine Aufnahmeziele bewegen sich zwischen sechs und 50 Metern Entfernung. Ein größerer Schmetterling tanzt durch den Apfelbaum. Ein Segelfalter gewährt mir eine Audienz. Was für ein glücklicher Zufall. Noch zu keiner Jahreszeit war er Gast in meinem Garten. Kurz ist sein Aufenthalt, doch der Moment reicht aus, seine Schönheit und seinen Tanz durch die Apfelblüten festzuhalten. Der Apfelbaum ist ein großartiger Ort des Aufbruchs frohen Lebens. Hier singen die Mönchsgrasmücke und der Distelfink (Foto rechts), fliegt der Girlitz vom Nachbargarten ein, der in einem Lebensbaum sein Nest baut. Die beiden Stare (Foto rechts unten) sind wieder in ihre Kästen eingezogen. Sie singen, was die Kehle hergibt. Einer ist ein Pfeiftalent. Ein Großteil seines Potpourris besteht aus einem Gepfeife von hohen Tönen, begleitet von einem kräftigen Geschnalze. Eine Elster sucht den Apfelbaum auf. Ich sehe sie mit einem kleinen Ast davonfliegen. Sie baut in der großen Kiefer des Nachbarn ihr Nest. Ich bezweifle jedoch das Gelingen. Denn gerade fliegen die Krähen herbei, die die Elstern attackieren und deren Nest besetzen. Solche Situationen gab es hier schon mehrfach. Bisher scheiterten alle Versuche der Elstern für eine Brut an der Feindschaft der Krähen. Besser stehen die Chancen für die Türkentauben, die heute wieder mit Nistmaterial in die Fichten fliegen. Zwischendurch nehmen sie sich Zeit zum Austausch von Zärtlichkeiten. Wenn sie sich berühren, schließen sie die Augen.

Ich empfinde unseren Garten als einen Dornröschengarten – halb wild, halb gepflegt. Zur Wildheit zählt vor allem der Efeu, der die Krone von Pflaume und Birne erreicht hat, und dazu zählt der Wilde Wein, der den Schuppen eingenommen hat. Der kleine Erdhügel unter dem Apfelbaum ist mit Immergrün bewachsen, der in jedem Jahr seine blauen Blüten präsentiert. Einen kleinen Gartenabschnitt hat sich das Scharbockskraut erobert, zu dem sich eine Vielzahl von Veilchen gesellt. Nicht zu übersehen ist im Frühling das violett blühende Einjährige Silberblatt. Das Silberblatt zeigt sich aber erst, wenn die Frucht reif ist. Dann kommt die Scheidewand zum Vorschein – das Silberblatt. Dessen Farbe und die milchige Beschaffenheit erinnern an das Licht der Luna, des Mondes. Deshalb hat es auch den Namen Mondviole erhalten.

Eine Winden-Knöterich-Hecke schließt den Garten zum Grundstück des Nachbarn ab, in der gerne die Zaungrasmücke brütet. Die Dornröschenatmosphäre ist verlockend für alles, was da kreucht und fleucht. Zahlreich sind die Gäste, die sich zum Tischlein-deck-dich der Efeubeeren einfinden. Erstmals bekomme ich eine Gruppe von Rotdrosseln (Foto unten) zu sehen. Weitere Teilnehmer am Beerenschmaus sind in diesen Tagen Star, Amsel, Ringeltaube und Singdrossel.

Ich darf die Erde küssen

Rufe, Stimmen, Vogellieder überall.
Aus nah und fern sind sie gekommen.
Es ist der Frühling, der da schallt.
Mit Freude hab ich ihn vernommen.

Der Star singt aus den Kirschenblüten
flügelschlagend voller Lebenslust.
Es ist ein Potpourri der Gefühle,
ein Aufbruch ohne Verdruss.

Noch darf ich die Erde küssen,
von ihren Blumen umarmt.
Ich knie auf ihrem Duftekissen
zur Morgenandacht ermahnt.

Ich hör den Chor am Himmel singen,
steigen die Lerchen zu den Wolken auf.
Freude klingt aus ihren Stimmen.
Ach, könnte ich zu ihnen hinauf.

Pirsch im Juli 2021

Melpitzer Wiesen: Großes Vorkommen des Großen Wiesenknopfs. Nachweis des Ameisenbläulings. Reiche Artenvielfalt an Pflanzen und Tieren.

Wetter: Im Juli fielen 63 mm Niederschlag. Die Tagestemperaturen lagen zwischen 23°C und 26°C.

Die Pirschgänge zu den Melpitzer Wiesen sind noch immer ein Naturerlebnis. Die Melpitzer Wiesen zählen nach wie vor zu den artenreichsten in der Region Torgau. Hier wachsen und gedeihen Blumenwiesen bunt wie ein Regenbogen. Mit ihrer Farbenpracht und Pflanzenvielfalt erinnern sie an alte Zeiten, als noch die Sense das Sagen hatte.

Eingebettet zwischen zwei Gewässern – dem Schwarzen Graben und der Zinnaer Flut (Rote Furt) –, durchzogen von mehreren Entwässerungsgräben, hat die Wiesenlandschaft alle Voraussetzungen, zu einer Blumenschönheit heranzuwachsen. Das allein würde jedoch nicht ausreichen, käme nicht die richtige Pflege durch den Menschen hinzu. Zu den fördernden Maßnahmen zur Entwicklung der Artenvielfalt an Pflanzen und Tieren zählen zwei Schnitte im Jahr, der erste möglichst Ende Juni oder bis Mitte Juli. Aber auch eine Beweidung mit einer angepassten Anzahl von Tieren ist als ökologisch zu bewerten. Der Schnittzeitpunkt entscheidet, ob zum Beispiel der Lerchennachwuchs erwachsen werden kann und nicht vom Mähbalken getötet wird. Für mich ist das Melpitzer Wiesenareal Feldlerchenland. Ihr Gesang zählt zu den stimmungsvollsten in der Vogelwelt. Wollte ich ihr Jubellied hören, galt es zur richtigen Zeit vor Ort zu sein. Die Lerche (Foto S. 69 rechts) ist hier noch so zahlreich, dass sie mit ihrem Gesang zum ständigen Begleiter beim Durchwandern wird. Wer sich zur Morgenstunde in der Frühlingszeit im Gebiet aufhält, erlebt froh machende, ja beglückende Momente, vorausgesetzt, das Herz schlägt für die Natur.

Begeistert bin ich auch immer wieder von der artenreichen Insektenwelt. Die von mir vorgestellte Grabwespe (Foto S. 69 oben) in der Torgauer Zeitung ist ein beweiskräftiges Beispiel für diese positive Situation. Durchlief ich die Wiese, sprangen nach allen Seiten die Heuschrecken davon. Um die Vielfalt wahrzunehmen, gilt es, eine intensive Wiesenaudienz zu organisieren – möglichst sitzend oder liegend. Es dauert nur eine kurze Zeit, dann schwirrt und krabbelt es nur so um einen herum. Schnell wird mir dann bewusst, wie wenige Insekten ich eigentlich kenne.

Dass der Artenreichtum in diesem Gebiet so beglückend groß ist und hier Pflanzen wachsen, die es anderswo schon nicht mehr gibt, ist vor allem dem Umstand zu verdanken, dass die Wiese keine Gülle erhält. Wird sie regelmäßig auf Wiesenflächen in großen Mengen eingesetzt, verarmen diese an Pflanzen. Von ehemals 20 bis 30 Pflanzen bleiben dann nur drei bis fünf übrig.

Herauszustellen ist das große Vorkommen des Großen Wiesenknopfs (Foto oben) im feuchten Wiesenabschnitt längs des Schwarzen Grabens. Diese Pflanze spielt für das abenteuerliche Leben der Raupe des Wiesenknopf-Ameisenbläulings eine lebenssichernde Rolle. Für diese gilt die Regel: ohne Großen Wiesenknopf kein Armeisenbläuling. Bei meinen Pirschläufen im August standen Schmetterling und Pflanze im Mittelpunkt. Erfreulich war die Ermittlung von 12 bis 15 Ameisenbläulingen (Foto rechts unten deren Larve), die auch vorwiegend am Wiesenknopf zu entdecken waren. Nur an diese Pflanze legt der Schmetterling seine Eier, aus denen sich dann kleine rote Larven entwickeln. Dieser Lebensabschnitt verläuft meist noch problemlos, die folgenden jedoch sind für die Larve abenteuerlich. Sie schlüpft jetzt in die Rolle eines großen Betrügers. Damit sie sich zu einem Schmetterling entwickeln kann, muss sie ihr Leben den Ameisen anvertrauen. Dazu lässt sie sich herabfallen, um auf die Ameisen zu warten. Zuvor hat sie jedoch ein Duftsekret entwickelt, das dem der Ameisenlarven gleicht. Das veranlasst die Ameisenarbeiterinnen, die Bläulingslarven in ihrer Larvenkammer zu deponieren. Für das Volk der Ameisen ist das Eindringen der Larven verhängnisvoll, da diese sich von den Ameisenlarven ernähren. Verläuft für die Larve alles normal, so wird sich im Frühjahr ein Wiesenknopf-Ameisenbläuling aus dem Gras erheben.

Pirschtag,14.09.2021

Der Pflaumenbaum wird zum Futterbaum. Großes Gedränge vor den Früchten und den Efeublüten.

Wetter: Wolkenfreier Tag. Septemberschön. Artenreicher Insektenflug. Die Sonne lockt.

In unserem Hausgarten hat jetzt im September der alte Pflaumenbaum seine Läden weit geöffnet. Reich ist das Angebot an reifen Pflaumen sowie an den Blüten des Efeus. Und so ist es nicht verwunderlich, dass sich zahlreiche Gäste einstellen. Die Blüten werden oft gleichzeitig von mehreren Insekten besucht. Nach Auswertung der Aufnahmen sind die Wespen am häufigsten vertreten.

Die üppige Nektartracht des Efeus ist auch zu verlockend in der jetzigen blütenarmen Zeit und so ist von früh bis spät ein dichtes Fluggedränge, ein Auf und Ab zu sehen, das wie ein Tanz der Insekten zu den Blüten erscheint. Neben den Wespen zählen verschiedene Schwebefliegen (Foto links oben) zu dem einfallenden Insektenvolk. Zu ihnen gehören Doldenschwebefliegen, Gartenschwebefliegen oder die Hainschwebefliege, die sich alle mit ihren gelb-schwarz gestreiften Körpermerkmalen sehr ähnlich sind. Doch deren Leben ist im Schlaraffenlandbaum gefährdet. Ständig sind einige jagende Hornissen unterwegs, die blitzschnell eine Fliege oder Wespe von der Blüte greifen. Ihre fliegende Jagd ist so rasant, dass es mir bisher nicht gelang, sie dabei zu fotografieren. Weitere Besucher erhält der Efeu von den Schmarotzerfliegen und noch weiteren Fluginsekten, die leider nicht zu bestimmen waren.

Wo der rankende Efeu Platz für die Pflaumen gelassen hat, hängen diese dicht beieinander. So geraten sie ins Blickfeld der Vögel. Kaum zeigte sich die Morgensonne, zwitscherte es in den Zweigen. Stare sind es, die sich ihr erstes Frühstück holen. Lärmen sie laut im Futterbaum, so sind die drei Mönchsgrasmücken (Foto oben) leise und unauffällig. Sie suchen sich meist solche Baumstellen aus, wo sie Deckung beim Auspicken der Pflaumen finden. Jedoch durchstöbern sie den Baum und den Efeubehang auch nach Insekten und stellen sich damit ein abwechslungsreiches Menü zusammen.

Auch die Haussperlinge kommen nicht allein. Sie lieben die Gesellschaft und das Schwatzen. Oft sitzen bis zu acht am Frühstückstisch. Anfangs noch laut schilpend, hier und da auch streitend um die gleiche Pflaume. Doch sobald jeder seine gefunden oder erobert hat, kehrt Ruhe bei den Vögeln ein. Hin und wieder fliegen auch die Meisen zum Genießen der saftigen Früchte ein. Sie kündigen rufend ihren Besuch an. Vielleicht sind es aber Mitteilungen darüber, dass es hier einen prächtigen Futterplatz gibt. Zu den ganz Heimlichen im Baum zählt eine Gartengrasmücke. Dass ich sie entdecken konnte, war nur meiner stundenlangen und wiederholten Beobachtung zu verdanken. Sie hielt es jedoch mit den Insekten, denen sie meist versteckt im Rankengewirr des Efeus nachstellte.

Zu kurzzeitigen Besuchen stellte sich der Gartenrotschwanz ein. Ein ganz besonders schöner Tänzer – kontraststark in den Farben Rot, Schwarz und Weiß gekleidet – gab täglich eine Audienz. Dafür nutzte der Admiral (Foto links unten) sowohl die Efeublüten als auch die Früchte für einen längeren Aufenthalt zur Nahrungsaufnahme.

Auch wenn es in unserem Garten etwas wild zugeht, ist es gerade diese gewollte Wildheit, die uns die großartigen Naturstunden gewährt.

Pirschtag, 20.11.2021

Naturschutzgebiet Prudel, Alte Elbe.
Niedrigwasser.
Ich sehe Iglus. Stille Momente.

Wetter: Sonniger Novembertag.
Um 14°C.

Dieser Sonntag begann mit ungewöhnlichen Vorzeichen. Es war sonnig und für die Jahreszeit sehr mild. Umso rätselhafter war für mich, als ich den Schafdamm im NSG Prudel Döhlen erreichte, dass kein Tier zu sehen oder zu hören war. Kein Meisentrupp suchte die Sträucher nach Insekten ab, weder Krähen noch Kolkraben kündigten mein Kommen an. Kein Rotkehlchen warnte, kein Zaunkönig stimmte mit ein. Eine solche Stille in dieser strukturreichen Landschaft zu erleben, ist höchst selten. Auch wenn sie nicht beängstigte, so verspürte ich doch eine gewisse Unruhe in mir aufsteigen.

Die Vielzahl der krausköpfigen, breit ausladenden Kronen der alten Kiefern, die bis 2018 dem Schafdamm ein ehrwürdiges Aussehen gaben, ist abgestorben. Ihre Skelette sind ein Zeichen, dass eine naturtötende Veränderung um sich greift – der Klimawandel. Besonders erlebbar wird diese tragische Situation beim Betreten der Gewässerabschnitte der Alten Elbe. Fehlendes Wasser hat unzählige konservierte Strauch- und Baumwurzeln sichtbar werden lassen, die uns wie Gestalten aus Tausendundeiner Nacht oder wie Tiere aus einem untergegangenen Zeitalter erscheinen. Mächtige Seggenhorste, die im flachen Wasser wachsen, beflügeln die Fantasie; lassen sie zu Pfahlbauten werden, zu Iglus unserer Vorfahren. Die langen Schilfhalme rechts und links der Bauten werden zu Speeren, womit sich die Jäger und Sammler verteidigten oder den Wisent töteten.

Im schlammigen Grund des Gewässers leuchten hier und da kleine und große rote Flecken. Ist es das Blut von Tieren, die den Göttern geopfert wurden, um im Kampf gegen feindliche Horden zu siegen?

Trompetensignale sind zu hören. Ein großer Zug von Kranichen überfliegt den Altarm und sucht die naheliegende Wiese zur Äsung auf. Ihre Rufe versetzen mich in eine fröhliche Stimmung und lenken mein Denken in die Gegenwart zurück. Es erinnert mich daran, dass die Alte Elbe zu einem der bedeutsamsten Laichgewässer in Nordsachsen zählt. So wurden 2013 über 12 000 Lurche gezählt, unter anderem 4 216 Knoblauchkröten und 3 103 Moorfrösche. Heute ist dieser Lurchenlebensraum durch Wassermangel bedroht. Nur bei einem mittleren Hochwasser der Flusselbe bekommt der Alte Elbarm über Grundwasser ausreichend Wasser. Es gäbe jedoch eine Chance für eine Wasserzuführung über das Elbsiel bei Neubleesern. Hier würden 3,50 m Wasserstand der Elbe ausreichen, um Wasser zuzuführen. Wollen wir das Laichgewässer für die Lurche retten, sollte beim Eintreten einer solchen Situation unbedingt das Siel geöffnet werden. Solche Möglichkeiten gab es in den letzten Jahren wiederholt. Wer will da das Veto zu einem Öffnen verstehen? Ich nicht und ebenso alle Naturschützer nicht, die sich seit Jahren für den Schutz der Lurche in diesem Gebiet einsetzen.

08.12.2021

Photovoltaikanlage für den Kuhteich. Beitrag für die Torgauer Zeitung

Der Kuhteich erhält eine Photovoltaikanlage. Mit einer Gegenstimme und einer Enthaltung wurde sie auf der Stadtratssitzung in Torgau auf den Weg gebracht. Für Naturfreunde und Naturschützer von NABU und BUND bedeutet das: Ein lebensvoller, artenreicher Vogellebensraum wird entscheidend reduziert. Auf einer Fläche von 1,5 Hektar wird die Solaranlage errichtet. Der Kuhteich verliert mit dieser technischen Anlage auch seine landschaftliche Schönheit. Sicherlich bleibt die Beschattung durch die Solarmodule nicht ohne negative Folgen für die Kleinstlebewesen oder die Lurche.

Seit gut 30 Jahren zählt der Kuhteich zu meinem Pirschgebiet, sodass ich behaupte, seine Tierwelt gut zu kennen. In meinen Tagebüchern gibt es eine Vielzahl von interessanten und auch einmaligen Einträgen. Der aus dem Jahre 1998 ist besonders erwähnenswert. In dem genannten Jahr brütete erfolgreich ein Stelzenläuferpaar. Es ist dies der bisher einzige Nachweis in Sachsen für diese Vogelart.

Von der Straße aus kann sich jeder beim Vorbeifahren schon ein Bild – wenn auch unvollständig – von den Wasservögeln machen. Hat das Gewässer eine tragende Eisdecke, so stehen dann oft bis zu 20 Graureiher darauf. Gerade für die Graureiher ist dieses Feuchtbiotop ein bevorzugter Rastplatz. Meist stehen sie aufgereiht am Schilfrand, geschützt von einem mächtigen Schilfgürtel. Hier stellt sich die Frage: Bleibt der Röhrichtschutz unberührt, in welchem auch Teich- und Drosselrohrsänger ihre Nester bauen?

Von der Jahreszeit abhängig lassen sich ganz verschiedene Arten und Mengen von Vögeln beobachten, die hier ihr Futter aufnehmen. An manchen Tagen wird der Kuhteich dann zu einem Schwanenteich; zwischen 40 und 50 Tiere wurden registriert. Das trifft auch für die Stockenten zu, die schon einmal mit 200 Exemplaren vermerkt werden konnten. Im vergangenen Jahr gab es mehrere Tage, an denen man den Teich als Grauganteich bezeichnet hat. Im Tagebuch stehen 180 bis 200 Graugänse. Ähnliches kann von den Silberreihern berichtet werden, von denen ich 60 bis 70 notiert habe. Tischlein-deck-dich gibt es für alle Vogelbewohner, wenn der Kuhteich abgelassen wird. Hin und wieder stellen sich dann auch seltene Gäste wie Schwarz- und Weißstörche als Fischjäger ein. Auf den Schlammflächen tummeln sich um diese Zeit

Bekassinen, Waldwasserläufer, Grünschenkel, Rotschenkel, Flussuferläufer und Flussregenpfeifer.

Der Kuhteich ist nicht nur ein wichtiges Futter- und Rastgewässer, sondern auch zur Fortpflanzung der Vögel erfüllt er seine Funktion. Zu nennen sind: Stockente, Wasserralle, Teichhuhn, Schwan, Blässhuhn und Graugans. Nicht vergessen werden sollen die Zwergtaucher, die oft mit mehreren Paaren vertreten sind, sowie der Haubentaucher. Als die Biber noch im Ellergraben lebten, war der Teich auch Teil ihres Lebensraumes. Ihre Rückkehr ist natürlich jederzeit möglich.

Aus der kurzen Abhandlung zur Natur des Kuhteiches wird nachgewiesen, welche Bedeutung dieser für das Leben der Tiere und die Sicherung ihrer Artenvielfalt besitzt. Die vorgesehene Solaranlage dient also keinesfalls der Natur, sondern es wird mit ihr den Tieren ein beträchtlicher Teil ihres Lebensraumes entzogen. Werden jetzt weitere Teiche mit Solaranlagen ausgerüstet? Wird die Teichschönheit Benkenteich folgen und ebenfalls eine solche Anlage erhalten und dadurch entstellt, wurde ich gefragt. Die Bedenken sind bei vielen Naturfreunden und Bürgern groß, dass die großartige Natur der Torgauer Region viel von ihrer Schönheit einbüßt, wenn auf den Teichen technische Anlagen schwimmen.

Nachträgliche Anmerkung: Es wird keine Photovoltaikanlage gebaut. Ihre Errichtung wurde von der Naturschutzbehörde nicht genehmigt.

Pirschtag, 30.12.2021

Der Dammweg des Benkenteiches ist mein Wanderweg. Der Teich ist abgelassen. Für Silber- und Graureiher wird er zum Futtertrog. Nebelschwaden wurden zu Tanzgestalten, Luftalgen zu Anstreichern der Eichen.

Wetter: Am Vormittag Regenschauer. Zu mild für die Jahreszeit mit 14°C.

Am vorletzten Tag des Jahres zog es mich zum Benkenteich hinaus. Der Regenschauer war vorüber, im Westen hellte es auf und damit hatte ich gute Pirschbedingungen. Handschuhe waren nicht nötig, da das Thermometer um 14 Uhr fast 14°C anzeigte. Fast einen Monat ist es her, dass ich auf dem Dammweg entlanggewandert bin. Ich war neugierig auf seine gegenwärtige Situation, welche landschaftlichen Veränderungen eingetreten und welche Tiere jetzt zu beobachten sind. Beim Abstellen des Autos am Zufluss gab es für mich gleich die erste Überraschung: Der abgelassene Waldteich und die Schlammflächen mit ihren vielen Löchern waren ohne Eis. Beim Aussteigen erhob sich, Engeln gleich, eine Vielzahl von Silberreihern in den Himmel. Es waren 16 schneeweiße Vogelgestalten (Foto unten) und zwei graue – also Graureiher – die ich später alle am Waldufer zählen konnte. Für die Reiher bildeten die Schlammlöcher die Futtertröge, aus denen sie die Fische greifen konnten.

Der Teichdammweg zählt zu meinen schönsten Routen in jedem Jahr. Als ein kahler Eichenhohlweg, der hier und dort von einigen mächtigen Kiefern flankiert wird, ist er jetzt zu erleben. Im Frühling wird er zur Vogelgesangsmeile, denn dann ist die große Schar der Rohrsänger zurückgekehrt. Am heutigen Tag hörte ich nur die Stimmen der Kleiber, Blau- und Kohlmeisen und die Warnrufe der Silberreiher sowie das Klopfen eines Spechtes. Es waren gerade die Vogelstimmen, die die Einsamkeit und die Stille des Tages verstärkten.

Dann erlebte ich einen weiteren froh stimmenden Moment: An der Teichböschung lagen frisch abgeschnittene Weidenzweige der Biber. Die Freude über seinen Nachweis war deshalb so groß, da hier seit zwei Jahren keine Biber mehr lebten. Im Teich gibt es einen Bibersitz mit einer Vielzahl frisch geschälter Äste und auch im Graben nebenan am alten Wohnbau lagen einige. Die nächsten Wochen werden uns zeigen, ob der oder die Biber sich für den Benkenteich als künftiges Revier entschieden haben.

Nicht zu übersehen sind die vielen Früchte des Schneeballs (Foto S. 75 rechts), die die Frosttage unbeschadet überstanden haben und mit ihrer leuchtend roten Farbe zum Blickfang werden. Aber es gibt weitere Farben im Dezember zu bestaunen, die ihre Ursache im Wachsen der Luftalgen haben. Man möchte fast glauben, dass Heinzelmänner

heimlich in der Nacht die Stämme der Pappeln rot und die der Eichen grün (Foto S. 74 links) angestrichen haben. Am Teichdammweg sind es vor allem die Eichen, die mit ihrem grünen Anstrich die Blicke auf sich ziehen. Als ich einige Pilze am Wegesrand berührte, gab es eine unerwartete Reaktion. Eine braune Wolke mit Sporen von Flaschenbovisten wurden aus den Pilzkörpern herausgeschleudert.

Ich sollte aber noch eine weitere nicht alltägliche Naturerscheinung erleben. Zunächst, von mir unbeachtet, wurden die aufkommenden Nebelschwaden immer zahlreicher und dichter. Der Wind trieb sie über den Teich, sodass sie sich im Nebeltanz drehten. Manchmal als Solist, manchmal im Duett, aber auch in kleinen Gruppen schwebten sie dahin und so schien es mir, als würde ich in einen großen Tanzsaal schauen. Es breitete sich eine geheimnisvolle Atmosphäre über die Teichlandschaft aus, die mich an die Sage vom Wassermann des Benkenteiches erinnerte, der hier sein entführtes Weib wieder entdeckte und zurückholte.

Mit der Naturwanderung an diesem Dezembertag am Benkenteich ging mein Pirschjahr 2021 zu Ende: Still, schön und erlebnisreich.

Pirschtage im Jahr 2022

Kraniche in der Region. Ihre Balz. Vorkommen.

Wetter: Januar und Februar feucht. Die Monate Mai, Juni und Juli sehr trocken. Juli nur 8 mm Regen. August und September feucht. Gräben und Teiche trocknen aus.

Die Kraniche (Foto oben) zählen mit ihren Verhaltensweisen zu den besonders charmanten Vögeln unserer Heimat, die uns jährlich gestatten, an den Tänzen ihrer gegenseitigen Zuneigung teilzunehmen. Auf den Melpitzer Wiesen bekunden sie seit Jahren laut trompetend im Februar/März ihren Revieranspruch. Wer sich dann Zeit zur Beobachtung nimmt, erlebt einen der schönsten Momente im Leben der Kraniche – ihren Hochzeitstanz, der von ihnen zu einer Ballettvorführung gestaltet wird. Mit Grazie führen sie ihren Tanz vor. Charmant sich voreinander verbeugend. Er fordert sie mit frohen, werbenden Rufen auf. Sie antwortet und so erlebt die Wiesenlandschaft ihr erstes Duett. Sie bleibt verneigt stehen, während er tanzend, sich immer wieder verbeugend, um sie herumläuft. Noch immer erregt, greift er nach einem kleinen Ast, jongliert damit mit dem Schnabel, lässt ihn fallen, um ihn erneut aufzugreifen. Er breitet die Flügel aus, schreitet ihr entgegen und beendet den Tanz mit ihr. Sich gegenüberstehend, den Körper nach oben gerichtet, den Hals lang gestreckt, beenden sie gemeinsam das Fanfarenduett. Zum Tanz der Kraniche schreibt Alfred Brehm: »Wie im Übermuthe nimmt er Steinchen und Holzstückchen von der Erde auf, schleudert sie in die Luft, sucht sie wieder aufzufangen, bückte sich nach einander, lüftet die Flügel, tanzt ...«. Für mich ist der Kranich ein Symbol von Schönheit, Anmut und Eleganz, zu dem ich ein Verhältnis der Sympathie und Freundschaft besitze. Ganz anders war das Verhältnis der Menschen zur Zeit von Brehm. Er schrieb: »Das Fleisch (Kranich) haben wir gern gegessen, gewöhnlich zur Bereitung einer vortrefflichen Suppe.«

Nimmt man die Bruterfolge der Kraniche näher unter die Lupe, kommt ein nicht erwartetes Ergebnis heraus: Die Zahl großgezogener Kraniche ist rückläufig. In der NABU-Zeitschrift »Naturschutz heute« ist nachzulesen, dass 80 % der Kranichpaare in den entsprechenden Untersuchungsgebieten 2021 keinen Nachwuchs hatten. Ursache wäre der Klimawandel – also verschlechterte Lebensbedingungen. Dazu gehört fehlendes Wasser und Austrocknen der Lebensräume. Oftmals weichen sie dann auf ungünstige und störungsreiche Brutplätze aus. So beobachtet am Oberen Schafteich in Süptitz, wo das Nest mit einem Ei von der Straße aus zu sehen war. Ähnlich gestaltete sich die Situation am Gehegeteich. Beide Paare blieben ohne Nachwuchs. Überrascht hatte mich das Paar von den Melpitzer Wiesen mit der Wahl des Nestortes. Bisher brüteten sie immer im Röhrichtbereich des Großen Teiches. Bei einem meiner Pirschgänge entdeckte ich das Nest inmitten des Schwarzen Grabens offen und ungeschützt auf einem Pflanzenhügel liegen. Ein Ei lag darin. Leider konnte ich längere Zeit nicht das Nest kontrollieren; da jedoch im Juli in diesem Gebiet ein Kranichpaar mit einem Jungvogel beobachtet wurde, ist anzunehmen, dass es doch eine erfolgreiche Brut gegeben hat. Ich entdeckte aber auch zwei Nichtbrüterpaare, die sich balzend in der Wiese aufhielten.

Die Entwicklung des Kranich- und Graugansbestandes zählt zu den wenigen positiven Ergebnissen in der einheimischen Vogelwelt. Besonders seit den 1990er Jahren ging es mit beiden Vogelarten steil nach oben. Waren die Brutplätze der Kraniche in den 1950er Jahren auf die Dübener Heide beschränkt (ein bis drei Brutpaare), so brüten sie gegenwärtig in nahezu allen geeigneten Lebensräumen in unserer Region. 2023 zogen 22 Kranichpaare in der Dübener Heide ihren Nachwuchs groß.

Dieser Beitrag war für die Torgauer Zeitung bestimmt. Veröffentlicht wurde er nicht, genauso wenig wie weitere im vergangenen Jahr. Als Ursache dafür ist herauszustellen, dass die Zeitung ihre Umweltseite herausgenommen hat. Nachvollziehen kann ich diese Entscheidung nicht, wenn wir täglich Augenzeuge werden, dass Tiere und Pflanzen für immer aus unserer Region verschwinden. Nicht Abkehr, sondern Zuwendung zur Natur müsste das Gebot sein. Es darf kein Beitrag von den Torgauern Naturschützern auf der Strecke und ungelesen bleiben. Der Erfolg des Naturschutzes wird auch davon bestimmt, wie er von der Öffentlichkeitsarbeit begleitet wird.

Die gegenwärtige Situation im Naturareal Wüste Mark Benken (Foto unten) kann jeden Naturfreund begeistern. Das Gebiet unweit des Benkenteiches erlebe ich als eine Natur-Oase, denn einzigartig ist hier die Tierwelt. Zu jedem Pirschtag gab es Neues zu entdecken, war eine andere Stimme zu hören, flog ein anderer Vogel ein oder zeigte sich ein weiteres Tier. Die Beobachtungsbedingungen sind gut, weil ich den Hochstand des Jägers benutzen darf.

Lag dieses Areal im vergangenen Jahr trocken, so hatten die reichen Niederschläge im Januar und Februar zu einem hohen Wasserstand geführt und das Gebiet überflutet. Es entstand ein Lebensraum, der den Ansprüchen vieler Entenarten in idealer Weise entspricht. Die Überflutung und die heranwachsenden Wasser- und Sumpfpflanzen garantieren ihnen ein reiches Futterangebot. Ich sah die Löffelenten (Fotos rechts und S. 78 oben) nach Nahrung gründeln sowie diese von der Oberfläche aufnehmen. Das war hier die dominierende Art. Da sie nicht in unserer Region brüten, werden die meisten von ihnen auch bald abfliegen. Zurzeit halten sich zwischen 30 und 40 im Feuchtbiotop auf. Auffällig sind die Erpel in ihrem Prachtkleid gefärbt: Dunkelgrün ist der Kopf, weiß die Brust und rotbraun der Bauch. Natürlich ist der große, löffelartige Schnabel das charakteristische Merkmal dieser Entenart. Als Brutvogel konnte sie noch nicht in unserer Region nachgewiesen werden. Weniger auffällig sind die Schnatterenten, deren Anzahl auf 20 bis 30 geschätzt wurde. Auch für die anwesenden Krick- und Knäkenten ist eine ähnliche Größe zu nennen. Die erstere Art ist relativ klein; hervorzuheben ist die braungrüne Kopfzeichnung. Der Knäkentenmann ist gut an dem breiten, weißen bis zum Hinterkopf ziehenden Überaugenstreif zu erkennen.

Pirschtag, 03.04.2022

Wüste Mark Benken. Guter Wasserstand. Mehrere Entenarten. Bekassinen, Kampfläufer, Kiebitze. Nutria. Graugänse. Kraniche.

Wetter: Kalt. Trocken.
Aufziehende Wolken. 5°C.

Für Stimmung und Geschrei sorgen die Graugänse. Ständig fliegen sie hier ein und aus. Wiederholt gibt es Streit unter ihnen, stets lautstark von ihren Rufen begleitet. Bisher konnte ich nur eine brütende Graugans entdecken. Es sind mindestens zehn Paare, die das Gebiet aufsuchen.

Eine große Überraschung bekam ich bei den Silberreihern zu sehen, die langsam durch das Wasser schritten, hier und da verweilten, um blitzschnell den Schnabel in das Gewässer zu tauchen. Was in ihrem Schnabel zappelte, konnte ja nach dem Austrocknen kein Fisch sein. Umso erstaunlicher war der Fang: Teichmolche schlangen sie hinunter und das waren nicht wenige.

Mit Freude hatte ich schon vor einigen Wochen die Ankunft des Kranichpaares (Foto links) in meinem Tagebuch vermerkt. Die Brutbedingungen sind optimal und so war ich mir sicher, sie werden bleiben und im Sumpfgebiet brüten. Am 6. April beobachtete ich sie bei der Brutablösung. Wenn alles positiv für das Paar verläuft, könnte es innerhalb der nächsten zwei Wochen seine Jungen vorstellen. Auch ein Flugakrobat stellte sich ein. Ein Rohrweihemännchen ließ sich aus großer Höhe senkrecht nach unten fallen, fing sich, stieg erneut nach oben, machte weitere Stürze und im Gauklerflug verschwand er aus meinen Augen. Leider ist der Bestand der Rohrweihen stark zurückgegangen. Ohne den Balzflug der Weihe fehlt unseren Teichen ein Stück Leben.

Ein wohlklingendes Trillern war zu hören. Es gehört dem Zwergtaucher, der jedoch den Benkenteich als Brutort bevorzugt und in jedem Jahr mit ein bis zwei Brutpaaren dort beobachtet werden konnte. Im Herbst, zur Wanderzeit, habe ich schon zwischen 20 und 30 ihrer Art gezählt. Insgesamt ist aber ihre Zahl rückläufig.

Als ich links von der Jagdkanzel zum Schilfgürtel schaute, bewegte sich auf einer lichten, grün bewachsenen Stelle ein bibergroßes schwarzes Tier. Da in dessen Nähe eine Graugans rastete, konnte es ja kein Vogelfeind sein. Beim längeren Beobachten war zu erkennen, dass es Gras fraß und einen langen runden Schwanz besaß. Damit war der Fall geklärt: Das Tier ist eine pechschwarze Nutria. Wenn auch vorwiegend braune Farbtöne bei den Nutrias vorkommen, sind silbergraue oder schwarze nicht selten. Sogar weiße bekam ich schon zu sehen.

Bemerkenswert sind auch die bis zu 40 Höckerschwäne (Foto unten), die das Feuchtbiotop als Rast- und Schlafort nutzen. Im Laufe des Vormittags fliegen sie dann in Gruppen zu ihren Äsungsflächen. Es sind viele Jungschwäne darunter, aber auch balzende Paare, die dann gemeinsam mit ihren Hälsen ein Herz bilden.

Auch für die Watvögel ist die Sumpflandschaft ein Tischlein-deck-dich. An jedem meiner Beobachtungstage fielen sie ein. Jeweils Bekassinen und Kampfläufer (Foto unten) in Gruppen von 15 bis 20 Vögeln. Besonders erfreut haben mich die drei Kiebitzpaare (Foto rechts). Zählen sie doch inzwischen zu den Vogelarten, die vom Aussterben bedroht sind.

Die Rufe von Schwarz- und Grünspecht waren zu hören. Vom nahen Feld stieg eine Lerche jubelnd in den Himmel. Ein Fasanenhahn lief über den frisch gepflügten Acker, pickte herum und verschwand im hohen Wuchs der Brachfläche. Er lebt gefährlich, denn auch der Fuchs (oben) zählt zum Umfeld des Gebietes. Wiederholt traten die Rehe aus dem Wald heraus, liefen zum Getreidefeld und ließen sich die Saat schmecken.

Aus dem Beitrag wird ersichtlich, wie naturreich unsere Heimat noch ist. Die Wüste Mark Benken ist eine Oase der Natur, ein Geschenk, das wir bewahren und schützen müssen.

Gartenpirsch: 25.04. bis 27.04.2022

Blühender Apfelbaum. Abblühender Pflaumenbaum. Zwei Nistkästen für die Stare. Gesang der Stare.

Wetter: Wolken und Sonne im Wechsel. Um 15°C.

Er trägt seinen Namen mit Recht: der Star! Wer zu seinem Gesangsvortrag eingeladen ist, erlebt einen Vogelkünstler mit der Verhaltensweise eines Profis. Anlass für seine Vorträge ist natürlich seine Angebetete, die unter ihm im Nistkasten sitzt, die er mit Hingabe eines Verliebten verehrt. Und so gerät er auch bald in Hochstimmung, ja in Ekstase. Er spreizt die Kehlfedern, als würde er sich zum Vogelkarneval schmücken. Aber sein ganzes Gehabe gilt selbstverständlich nur ihr. Ihr will er gefallen und außerdem ist er eitel von der Fußkralle bis zum Schnabel. Mit den abgespreizten Kehlfedern erscheint er auch größer und der größte will er ja schließlich sein. Sein erregter Zustand nimmt von Sekunde zu Sekunde zu. Sein ganzer Körper zittert und gerät in Schwingungen. Die Flügel bewegen sich, aufrecht stehend mit hochgestrecktem Schnabel bringt er sich in Positur. Im raschen Tempo werden die Flügel rudernd auf und niedergeschlagen und dabei bringt er eine Liederfolge, ein Potpourri zu Gehör, das seinesgleichen sucht.

Auf der Gartenbank sitzend war ich fast täglich ein begeisterter Zuhörer. Was da aus seiner Kehle dringt, ist einzig. Er sieht seine große Kunst darin, Melodien anderer Vögel zu einer lustigen Folge zusammenzufügen. Als Flötist ist er ein wahrer Meister. So glaubte ich, Pirol und Amsel zu hören, ebenso den Ruf von Specht und Bussard oder die Motive des Gesangs von Stieglitz, Meise und Grünling. Ist er nicht als Imitator aktiv, besteht sein Gesang aus klangreinen Pfiffen, Schnalzen und Knacklauten.

Bereits im März bezogen die zwei Starenpaare die Nistkästen im Garten. Wir erlebten sie als die fröhlichsten Vorboten des Frühlings.

Pirschtag, 07.05.2022

Gehegeteich. Für 20 bis 30 Flussseeschwalben ist er ein reicher Futternapf. Haubentaucher fängt Zwergwels. Eisvogel.

Wetter: Frühlingsschöner Maientag. Wolken und Sonne wechseln einander ab. Trocken, sehr. 21 °C.

Ich bekomme die Chance, die Flussseeschwalben zu beobachten. In Nähe des Abflusses des Gehegeteiches liegt eine Eiche im Gewässer, noch grünend und empfangsbereit zur Rast der Flussseeschwalben, die ständig kreisend und jagend unterwegs sind. Sie können nicht still und unauffällig umherfliegen. Ihr Geschrei wird zur dominierenden Geräuschkulisse des Teiches. Ich parke mein Auto in der Nähe der Rasteiche. Das ist ein Fallbaum, der im Wasser liegt. Damit habe ich einen bequemen Ansitz für Stunden. Meinen Abstand akzeptieren die Schwalben und so sehe ich einem erlebnisreichen Maientag entgegen. Der Rastplatz Eiche ist ein Ort des Verweilens mit kurzem und längerem Aufenthalt der Vögel. Der Hunger bestimmt die Rastzeit. Viele fliegen mit einem Fisch ein, den sie dem wartenden Partner überreichen. Vielleicht ist es ein Sympathiegeschenk oder eine Gabe zur Brautwerbung. Kleine Weißfische sind zu erkennen, die die richtige Schnabel- und Schlundgröße aufweisen. Im kurzen Sturzflug werden sie von den Vogeljägern ergriffen. Zu ihnen zählen auch einige Lach- und Silbermöwen.

Ein Haubentaucher (Foto unten) erscheint in Ufernähe. Er ist ebenfalls jagend unterwegs. Aber er taucht nicht mit einem Weißfisch auf. Ich musste mehrmals hinschauen, da er Mühe hat, die Beute hinunterzuschlingen. Der Fang ist dann doch eine Überraschung: Es ist ein Zwergwels.

Ich habe einen guten Begegnungstag ausgewählt. Die frühe Stunde um 6:30 Uhr begünstigt sicherlich die Beobachtung des Bibers, der in dem am Teich vorbeifließenden Röhrgraben seinen Wohnbau hat. Auch den Eisvogel bekam ich zu Gesicht. Einen über

dem Teich hängenden Ast wählte er als Sitzwarte aus. Seine Tauchjagd konnte er erfolgreich abschließen. Auf der Rasteiche betäubte oder erschlug er durch das Draufschlagen den Fisch, um ihn dann zu verzehren. Der Fischreichtum blieb auch den Kormoranen nicht verborgen. In den Kronen des Erlenbruchs am Teich zählte ich fünf von ihnen. Wie viele werden es wohl im September sein?

Pirschtag, 17.05.2022

Gesänge der Feldgrillen auf den Melpitzer Wiesen. Grillenkämpfe als Freizeitbeschäftigung.

Wetter: 18°C. Aufatmen nach dem nächtlichen Regen. Wolken und Sonne.

Mein Gebet für Regen wurde endlich erhört. In der Nacht hat es 5 mm geregnet. Im März fielen gerade mal 9 mm und im April 25 mm. Das ist viel zu wenig und auch der Mai ist bis jetzt zu trocken. Erleben wir wieder eine Katastrophe mit sterbenden Bäumen und braun-gelben Wiesen? Der nächtliche Regen stimmte mich froh und so machte ich mich auf, um den Maiengesang der Feldgrillen zu hören. Er zählt für mich zu den großartigsten Momenten des Frühlings auf den Melpitzer Wiesen. Hier tönt es am lautesten von ihnen, faszinierend und betörend. Will ich die Gesänge der Feldgrillen hören, suche ich mir einen Wiesenfleck aus, lege mich hinein und steige ein in eine frohgemute Stimmung, in das Erlebnis Naturklänge der Lebensfreude.

Die Gesänge (das Zirpen wird als Gesang bezeichnet) sind hier so intensiv, dass das ganze Wiesenareal tönt und singt – hier ist eine Natursinfonie, vom größten Streichorchester der Welt zu hören. Herrlich. Vielleicht sind dann tausend Streicher in Aktion.

Als ich mich das erste Mal mit den Feldgrillen beschäftigte, hatte ich noch Schwierigkeiten, sie zu entdecken. Ich nahm an, sie werden sich wie die Heuschrecken nur im Gras aufhalten. Doch weit gefehlt: Sie graben sich eine Erdröhre für ihren Aufenthalt und zu ihrem Schutz. Als ich mir eine solche genauer anschaute, war davor ein kleiner, grasfreier Platz zu sehen. Das ist ihr Musizierpodium, wo das Männchen lockend nach dem Weibchen zirpt und dafür die Vorderflügel aneinander reibt. Ich bekam ein glänzendes, überwiegend schwarzes Insekt mit einer Körperlänge von 2,5 cm vor die Augen. Der große Kopf, an dem sich zwei lange Antennen befinden, ist kugelig. Die Grillen legen ihre Eier einzeln in die Erde ab, aus denen die Larven schlüpfen, die bis zu zwölf Häutungen durchmachen müssen. Wer die Schönheit der Feldgrille erkennen will, muss ihr ganz nah sein, ihr zuschauen beim Singen.

Feldgrille

Der Frühling hat die Feldgrille
gerufen zum Streicherwettbewerb.
Im Grase fand ich ihre Spuren
Gerüstet wird zum Gesangesfest.

Mir war als würden die Gräser zittern
erregt vom Streicherklang.
Um ein da Capo tat ich bitten.
Ich wünschte, dass es kein Ende fand.

Zum Zauberton der Gesänge
singe ich leise mit.
Im Blumenduft hör ich
die Wiesenklänge,
was von meiner Sehnsucht spricht.

Meine Sehnsucht wandert
als Wolke dahin,
kühn ist sie, lebensgeladen.
Fröhlich ist sie wie ein Kind
und hoffnungsvoll sind ihre Fragen.

Die Sehnsucht meine Schritte lenkt.
Ich glaub mein Glück liegt
noch im Verborgenen.
Dein Lächeln mach mir zum Geschenk.
Die Sehnsucht hat es für mich erkoren.

Bernhard Klausnitzer vermerkt in seinem Buch »Insekten. Biologie- und Kulturgeschichte« zu den Feldgrillen im alten China: »Wenn der Herbst kommt, fangen die Damen des Palastes Grillen und setzen sie in goldene Käfige. Die Käfige stellen sie neben ihr Kopfkissen und lauschen während der Nacht den Stimmen der Insekten.« Aber nicht nur die Gesänge waren und sind für die Chinesen als Freizeitbeschäftigung wichtig, sondern auch Grillenkämpfe, bei denen das unversöhnliche Rivalitätsverhalten der Männchen ausgenutzt wird. Grillenkämpfe sollen selbst heute noch veranstaltet werden.

Pirschtag, 28.05.2022

Gelbspötter als Imitator. Noch keine Kraniche. Begegnung mit dem Fuchs am Brandweg.

Wetter: Der Tag begann wolkenschön. Frisch wehte der Wind bei 22°C.

Eine Stunde Gartenarbeit. Beschneiden und Herausreißen von Efeu. Immer sah ich vor mir die Melpitzer Wiesen, die jetzt zu einem Blumen- und Tiererlebnis herangereift sind. Sie waren der Auslöser: Schluss mit dem Garten.

Beim Einfahren auf dem Koppelweg begrüßte mich der Neuntöter. Neuntöter (Foto rechts unten) sind Spätrückkehrer. Aus dem Gehölz an der Zinnaer Flut kam die Stimme von Nachtigall und Mönchsgrasmücke (Foto rechts oben) zu mir herüber. Wo bleiben in diesem Jahr die Kraniche, das Königsgeschlecht der Wiese?

Ich befahre den Brandweg und parke am Gehölz, wo die Benjeshecke errichtet wurde, die zu einer illegalen Entsorgungsstätte für Gartenabfälle genutzt wird. Ich höre einen Vogelimitator: den Gelbspötter. Ihn zu hören ist leichter, als ihn zu sehen. Er zeigt sich nicht gern der Öffentlichkeit. Versteckt bleibt er zwischen den Blättern. In seinem heutigen Gesangsvortrag stellte er vor: Drossel, Kohl- und Blaumeise, Schwalbe sowie Pirol. Seine Fähigkeit, andere Vögel nachzuahmen, hat ihm seinen Namen Spötter eingebracht. Aber auch als Sprachmeister hat man ihn bezeichnet. Eine gute halbe Stunde hörte ich ihm zu und eine weitere saß ich beobachtend im Auto, das hilft, Fluchtdistanzen von Tieren zu verringern. Dem stillen Verweilen verdanke ich eine ungewöhnliche Begegnung mit einer Füchsin. Sie hatte ich schon mehrfach auf der Wiese mäusefangend gesehen. Keinesfalls ängstlich und auf Flucht bedacht. Für sie war ich sicherlich schon eine vertraute Erscheinung. Täglich bin ich hier unterwegs, stets gleich gekleidet und auf Distanz zu ihr bedacht. Für sie bin ich harmlos und ungefährlich. Ich war gerade aus dem Auto gestiegen, da kam sie mir auf dem Weg entgegengelaufen. Sie musste mich ja sehen und trotzdem näherte sie sich bis auf zehn Meter. Dann blieb sie stehen, schaute mich kurz an, um mit einem Sprung ins Gehölz zu verschwinden. Welch ein Glücksfall für mich: Ihr Maul war vollgestopft mit Mäusen. Aha, Reineke Fuchs hat Nachwuchs.

Es gibt nur wenige Wildtiere, die so populär sind wie der Fuchs in der Bevölkerung. Zeigt man einem Schulkind ein Fuchsbild, kommt auch gleich die Antwort: ein Fuchs. Alfred Brehm äußert sich zu ihm folgendermaßen: »Unter den in unserem Vaterlande wildlebenden Säugetieren steht der Fuchs (Canis vulpes) unzweifelhaft obenan. Kaum ein einziges anderes Mitglied dieser Klasse genießt einen solchen Ruhm und erfreut sich einer so großen Bekanntschaft wie Freund Reineke, das Sinnbild der List, Verschlagenheit, Tücke, Frevelhaftigkeit und, wie ich sagen möchte, Ritterlichkeit. Ihn rühmt das Sprichwort, ihn preist die Sage, ihn verherrlicht das Gedicht ...«

Pirschtag, 05.06.2022

Brachfläche am Brandweg. Audienz bei den Hasen. Ihr Menü besteht aus Gänsedisteln, Melde, Beifuß, Ampfer. Ein Hase wäscht sich. Das Auto als Anstand.

Wetter: Der Himmel hängt weiße Tücher auf. Die Sonne bekommt ein Milchgesicht. Der Wind ist gelind. Sommerwarm. 27°C.

Sie sind eine Oase für Pflanze und Tier – meine Melpitzer Wiesen. Sie waren und sind für mich eine nicht versiegende Erlebnisquelle der Natur. Keinen Naturraum habe ich öfter zur Pirsch in den letzten 30 Jahren aufgesucht, als dieses Wiesenareal. Es gibt nur wenige solcher Landschaften in unserer Region, die so vielfältig strukturiert sind. Mehrfach versetzten mich die Wiesen in eine himmelhochjauchzende Stimmung, wenn ich Kranich, Kiebitz, Hase, Fuchs, Grabwespe, Kaisermantel, Wolfsmilchschwärmer und Segelfalter begegnete. Oder der Frühling seinen riesigen weißen Teppich aus Steinbrech vor mir ausbreitete oder Glockenblumen mit Margeriten und Hahnenfuß sich zu Gebinden vereinten oder die Wiesengräben als bunte Blumengirlanden das Grünland durchzogen.

Auch die heutige Pirsch zählt zu den unvergesslichen Momenten. Ich hatte die kleine Brachfläche mit Beifuß, Gänsedisteln, Melde, Ampfer und Ackerkratzdisteln wegen der Hasen schon mehrfach im Visier. Um mit den Hasen eine Audienz zu bekommen, war ich schon 7 Uhr vor Ort. Das Auto, als mein Anstand, parkte ich am Rande der Brachfläche. Beide Scheiben des Fahrzeuges ließ ich herunter. Jetzt fühlte ich mich als ein Teil der Natur. Hier war ich ungestört beim Zuhören der Gesänge von Feldlerche, Gold- und Grauammer, Nachtigall und Buchfink, beim Beobachten von Fasan, Neuntöter, Zaunkönig und einem Kranich.

Zwei Hasen sind unterwegs, um ihr Frühstück einzunehmen. Sie wählten Gänsedistel und Melde aus. Oh, dann muss ich mich ganz schnell abducken: Ein Hase nähert sich dem Auto und mümmelt nur zwei Meter davor. Gott sei Dank! Besser – Hasen sei Dank! Keine Flucht. Er hielt es jetzt für angebracht, eine Fresspause einzulegen und seinen Körper zu pflegen. Für mich sah es aus, als würde er Gesicht und Kopf waschen und seine Zähne putzen. Seine Morgentoilette war lang, gestenreich und mit viel Gehabe ausgeführt. Ich bekam die Chance, viele schöne Aufnahmen zu machen.

Pirschtag, 12.06.2022

Begegnung von Hase und Fuchs.

Wetter: Blaues Himmelszelt. Schwül. Schweißtreibend. 28°C.

Unterwegs zur Wüsten Mark Benken. Es ist 9 Uhr. Das Gebiet hat bereits viel Wasser eingebüßt. Bis auf den Graben trocknet es bis August meist aus. Stieg auf die Jagdkanzel. Es sollten drei Stunden Beobachtung werden. Mit einer von mir noch nie gesehenen Fuchs-Hase-Begegnung. Ich sah den Fuchs auf das angrenzende Feld zusteuern, den Kopf zum Boden geneigt. Mäuse sind sein Ziel. Plötzlich macht ein Hase, vom Fuchs aufgescheucht, »Männchen«. Er verharrt in diese Positur und schaut Reineke eine Weile beobachtend zu. Und dann geschieht das für mich Unglaubliche: Meister Lampe flieht nicht, sondern läuft auf ihn zu. Vom Fuchs erfolgt kein Zugriff, keine Reaktion. Beide trennen nur wenige Meter. Der Hase scheint für den Fuchs gar nicht vorhanden zu sein. Wie ist eine solche tolerierende Verhaltensweise zwischen diesen Tieren möglich, wo der eine zur Beute des anderen zählt? Zu den Ursachen kann ich nur spekulieren. Hat dieser Fuchs die Erfahrung gemacht, dass der Hase für ihn zu schnell ist, eine Jagd erfolglos ausfällt? Hat er ein Gesundheitsproblem? Ist sein Augenlicht beeinträchtigt? Hat der Hase ihm einen Freundschaftsdienst erwiesen, ihm vielleicht das Leben vor dem Wolf gerettet, der hier auch unterwegs ist? Gibt es nicht viele Beweise für Freundschaften zwischen ganz unterschiedlichen Tieren, auch zwischen Wildtieren? Fragen über Fragen! Obwohl die Entfernung bei etwa 70 Meter lag, gelangen verwertbare Aufnahmen, die die einmalige Situation dieser Tierbegegnung dokumentieren.

Pirschtag, 01.07.2022

Linde als Schmetterlings- und Tanzbaum. Neun Arten sind dabei. In Trossin stand einst eine Märchenlinde.

Wetter: Schweißtreibend. 29°C.
Ohne kühlendes Lüftchen.

Fotos links, von oben nach unten: Brauner Waldvogel, Landkärtchen und Blatthornkäfer
Rechts: C-Falter, unten Distelfalter

War die Linde an der Roten Furt von mir bisher unbeachtet geblieben, so habe ich sie jetzt stets in meine Pirsch einbezogen. An ihr vorbeizugehen bedeutet, einen Schmetterlingsbaum zu missachten, der jetzt ein Wallfahrtsort für Insekten ist. Verwunderlich ist das keinesfalls. Sie steht in voller Blüte. Die meisten ihrer Art sind jedoch schon verblüht. Die Sommerlinde, nahe am Gewässer gewachsen, kennt keinen Wassermangel. Ihr Duft ist stark und lockend, ein Elysium für alle Nektarsammler. Breit ausladend sind ihre Äste, die bis zur Roten Furt herunterreichen. Der 1.7. ist warm und trocken, 29°C. Die Linde ist weit und breit der einzige Baum, der Gästen ein Mahl anbietet. Ich sehe sie umschwärmt, ja bestürmt. Die Linde ist heute mein einziges Ziel. Der Klappstuhl wird mein Ansitz auf der Brücke, der mir eine gute sowie nahe Beobachtung gewährt. Die Linde ist ein Tanzbaum, geschmückt wie zum Dorffest. Getanzt wird jedoch nicht unter ihr. Ihre Blüten sind der Tanzboden und so bewegt sich der Reigen von der Baumspitze bis

zum letzten unteren Ast. Gefiedelt und gesummt wird mit leisen und lauten Tönen. Die Hornissen brummen tief und laut mit Bassstimme, die Hummeln, Bienen und Wespen mit Baritonlauten und die Mücken mit hohen Stimmen. Die Faszination sind jedoch die Schmetterlinge. Zu meinem zweistündigen Ansitz erscheinen: Großes Ochsenauge, Tagpfauenauge (Foto unten), Damenbrett, Zitronenfalter, Großer Kohlweißling (Foto rechts Mitte), C-Falter, Admiral (Foto rechts oben), Großer Perlmutterfalter, Dickkopf, Gemeiner Bläuling. Auch das Taubenschwänzchen raste umher. Aus der Roten Furt fliegen mehrere Gebänderte Prachtlibellen ein, um hier in der Sonne zu rasten. Ich sehe mich in ein Dorffest mit Volkstanzgruppen versetzt. Jeder, der auftritt, tanzt in einem andersfarbigen Kostüm. Wunderschön!

Stehen die Lindenalleen in Blüte, parke ich gerne unter ihren Kronen und verweile für Minuten. Atme die Droge »Lindenblüte« ganz tief ein. Irgendwie fühle ich mich von ihr stimuliert. Der Drogenduft weckt Gefühle und nicht definierbare Sehnsüchte. Die Linde zählt zu den bekanntesten Bäumen. Seit Menschengedenken nimmt sie als Hausbaum in Hof, Dorf, Kloster und Burg den ersten Platz ein. Im deutschen Sprachraum sollen 1142 Ortschaften die Linde im Namen führen. Zu den schönsten und ältesten Alleen in unserer Region zählt die am Brückenkopf in Torgau. Vom Wachstum der Linde sagt man: Sie komme 300 Jahre, stehe 300 Jahre und vergehe 300 Jahre. Ich erinnere mich an die märchenschöne Winterlinde (Foto rechts unten), ein lebender Torso mit Innenwurzeln am Dorfteich Trossin. Sie war hohl. Drei meiner Enkel hatten Platz in ihr. Nie vergaß ich bei meinen Pirschgängen in der Region, diesen einzigartigen Lindentorso aufzusuchen. Doch dann kam der Hammer: Der Torso wurde aus Gründen der Verkehrssicherheit gefällt. Er hätte sicherlich noch 50 Jahre und länger als Märchenbaum, ohne Probleme zu bereiten, leben können. In meinem Foto lebt er weiter.

Schmetterlingsinvasionen hat es schon immer gegeben. Ich erinnere mich an die der Distelfalter vor einigen Jahren in der Elbaue oder an die meiner Kindheit, als wir die Raupen der Kohlweißlinge absuchen mussten. Über eine der wohl größten Invasionen von Kohlweißlingen berichtet Alfred Brehm. Sie hat sich 1854 zugetragen, als ein Zug von Brünn nach Prag von den Raupen des Kohlweißlings gestoppt wurde. Er zitiert dazu einen Augenzeugen. »Da sah ich denn den allerdings ebenso unvermuteten als unglaublichen Grund der Lähmung des Eisenbahnzuges in voller Fahrt ... aber die schmierige Masse der tausende von kleinen Fettkörpern legte sich mit solcher Kohäsion an die Räder, dass diese in den nächsten Sekunden nur mit Schwierigkeiten noch Reibung besaßen.«

Pirschtag, 24.07.2022

Wilde Landschaft am Grünmühlbach. Ein Biberdamm sichert das Wasser im Graben und den Stichlingen das Leben. Trinkstelle der Vögel. Teichfrösche und Wasserkäfer. Blühendes Tausendblatt. Riesige Horste der Rispensegge. Neuntöter füttern den Nachwuchs.

Wetter: Der Sommer liebt es warm. 30°C. Der Himmel hat die Fenster weit aufgerissen.

Als ich bei meinen Pirschtagen im Juli das Biberrevier Grünmühlbach aufsuchte, bekam ich einen Grabenabschnitt von wilder Schönheit zu sehen. Dieser war für mich Anlass zum längeren Verweilen, um aus dem Landschaftsmosaik die wildschönen Einzelteile zu erkennen. Es waren und sind die Biber, die maßgeblich das Leben im und um das Feuchtbiotop beeinflussen. Ein mächtiger Staudamm aus Schlamm und Kies, hart wie Beton, verhindert den Abfluss und sichert dem Bach das Wasser. Seit 1990 leben hier die Biber. Die angrenzende Feldfläche, oft durch den Anstau des Biberstaudammes vernässt, konnte vom NABU erworben werden, wodurch der Konflikt mit dem Landwirt weitestgehend gelöst wurde. Ja, ohne die Biber gebe es jetzt einen ausgetrockneten Bach und keinen Ort wilder Schönheit.

Zum Naturmosaik zählt vor allem die breite Böschung des Grünmühlbaches: Schlehe, Holunder, Zitterpappeln, Erlen, durchsetzt mit Inseln aus mächtigen Flatterbinsen sowie blühendem Blutweiderich und den riesigen Horsten der Rispensegge, lassen ein einzigartiges Bild unberührter Natur entstehen. An abgestorbenen Weidensträuchern rankt sich der Bittersüße Nachtschatten ins Blickfeld. Ungewöhnlich sind seine Blüten in den Farben Gelb und Lila. Dieser Farbenkontrast verbreitet eine geheimnisvolle Stimmung und erinnert an den Kräutergarten von Hexen, die die Pflanze zur Giftmischerei verwendeten.

Im Bach ist Bewegung. Eine Ringelnatter ist unterwegs auf Froschfang. Einen Lurch zu fassen, gelingt ihr jedoch nicht. Auf einem im Wasser liegenden Baumtorso sitzen zwei kleine und ein großer Teichfrosch; wiederholt reißt der große das Maul auf, um vorbeifliegende Insekten zu schnappen (Foto links unten). Plötzlich springt ein Fisch aus dem Wasser. Ob es ein Dreistachliger Stichling ist, der hier ein reiches Vorkommen hat? Dies dank des Wasseranstaus durch die Biber! Wiederholt kommen Käfer an die Oberfläche. Ich erkenne Gelbrandkäfer, die Luft tanken.

Mein stilles verstecktes Sitzen beruhigte die im Gebiet angesiedelte Vogelwelt nach meinem Eindringen in ihren Lebensraum und so bekam ich eine Vielzahl von ihnen zu sehen. Ein Fallbaum im Gewässer wurde zum Trittbrett für das Trinken. Beobachtet wurden an der Tränke: Amsel, Misteldrossel, Hohltaube, Baumpieper, Fitis, Mönchsgrasmücke, Grünfink, Feldsperling, Sumpfmeise und Bachstelze. Unterwegs waren auch die Neuntöter (Foto links oben), die noch ihren Nachwuchs zu versorgen hatten. Von den Sträuchern der Böschung flogen sie zur angrenzenden Feld- und Wiesenflur zum Insektenfang. Von dort kehrten sie mit Heuschrecken, Hummeln, Wespen, Käfern oder Libellen im Schnabel zurück. Im hinteren Bachabschnitt flogen zwei Graureiher ein, die natürlich scharf auf die Frösche sind. Von den Wasserpflanzen blüht das Quirlige Tausendblatt, dessen ähriger Blütenstand bis zu 20 cm aus dem Wasser ragt.

Begeistert von der gegenwärtigen Natursituation wurden aus einem drei Pirschtage. Vielfältig und einzigartig erlebte ich den Grünmühlbach. Seine artenreiche Fauna und Flora, seine wilde Schönheit gilt es zu schützen und zu bewahren. Es wird aber auch ersichtlich, wie wichtig der Biber für den Wasserhaushalt unter den Bedingungen des Klimawandels ist. Sein Schutz genießt deshalb oberste Priorität.

Pirschtage, Juli und August 2022

Tiere im Anger- und Biberteich, Iglus aus Hopfen. Baumsterben.

Beitrag für die Torgauer Zeitung.

Wetter: Sommerschöne Tage.

Der Naturfreund, der gegenwärtig die Bennewitzer Teichlandschaft aufsucht, wird sie sicherlich mit einem traurigen und freudigen Auge erleben. Traurig, weil sich acht der zehn Teiche in einem desolaten Zustand befinden. Verursacht durch den Mangel an Regen, der die Gewässer austrocknen ließ und damit die Fischproduktion verhinderte. Am stärksten erschreckte mich jedoch das Baumsterben, das mit aller Wucht die Folgen des Klimawandels sichtbar machte. Was für ein Bild: Teiche ohne Wasser und Wassergeflügel, ohne Biber und rastende Kraniche sowie das fröhliche Karpfenspringen. Es sind nicht nur die Erlen, die abgestorben als Baumskelette in den Himmel ragen, sondern auch alte, über 100-jährige Eichen am Storchteich, die die Schönheit der Teichlandschaft prägten. Bewundernd stand ich oft vor einer Stieleiche an diesem Teich, deren mächtiger Stamm alle anderen überragte. Sie vertrocknete und musste gefällt werden.

Doch wer oft vor Ort ist, wird auch Positives entdecken und kann der gegenwärtigen Situation Erfreuliches abringen. Besonders eine Pflanze wird zum Gestalter märchenhafter Momente: der Wilde Hopfen. Es scheint so, als hätte er Mitleid mit den Erlentorsos, an denen er sich häufig bis in den Spitzen mit seinen Blüten hochrankt. An vielen Stellen hat er die Sträucher umhüllt und sie zu Iglus gemacht. Ob jemand herausschaut, wenn ich rufe? Ja, die Landschaft hat sich verändert, wild kommt sie uns vor. In den Teichen wachsen ausgedehnte Flatterbinsenbestände, stehen Schilfinseln und junge Birken, bilden Erlen bereits kleine Gehölze, wie im hinteren Abschnitt des Angerteiches. Hier ist schon ein großer Teil der Teichfläche zur grünen Wiese mit Zweizahn, Ampfer und Knöterich geworden.

Der Biberteich und der Angerteich, zu einem Drittel mit Wasser gefüllt, waren mehrfach meine Pirschziele. Besonders in Letzteren mit seinen großen Schlammflächen hielt sich eine artenreiche Vogelgesellschaft auf, deren Menge und Arten sich ständig veränderten. Vor allem Lachmöwen prägten anfangs das Erscheinungsbild, wenn im Flachwasser 100 bis 200 rasteten oder nach Nahrung suchten. Täglich fanden sich auch Stock- und Krickenten, Blässhühner und Graugänse ein, jedoch in einer geringen Anzahl. Im August dominierten die Watvögel. So notierte ich: Flussuferläufer, Flussregenpfeifer, Dunkler Wasserläufer, Alpenstrandläufer, Grünschenkel, Waldwasserläufer und Bekassine. An manchen Tagen flogen bis zu 30 Bekassinen ein. Eine solche Anzahl hatte ich schon lange nicht in unserer Region gesehen. Ergänzend sei hinzugefügt, dass auch eine Nutriafamilie hier lebt. Sie kommen, wie es scheint, mit den jetzigen Stressbedingungen gut zurecht, da im Biberteich ebenfalls eine Großfamilie dieser Tierart angesiedelt ist. Bei meinen Pirschtagen an diesem Gewässer bekam ich mehrfach Ungewöhnliches von Tieren zu sehen. Die Begegnungen gelangen mir, weil ich lange und ungestört beobachten konnte. Es stellten sich vor: Eine Waschbär- und Rehfamilie mit jeweils zwei Jungtieren. Ein Fuchs, der auf einen Fallbaum kletterte. Ein Rehbock, der durch das Flachwasser des Teiches marschierte, und fünf Wildschweine in der Suhle. Im August überraschte mich eine Nilgansfamilie mit fünf Gösseln. Das ist eine sehr späte Brut. Anderswo ist die schon erwachsen. Alle Beobachtungen konnte ich im Bild festhalten. Bestens geeignet für einen Vortrag. Schön ist unsere heimatliche Natur. Noch!

Pirschtage, 14.08 und 15.08.2022

Die Bennewitzer Teiche – eine Landschaft der toten Bäume. Der Angerteich wird zu einer Oase für die Watvögel.

Wetter: Heiße und trockene Sommertage. Die Natur ist am Verdursten. 29°C.

Die niederschlagsarmen Jahre von 2019 bis 2022 wurden für die Bennewitzer Teiche zu einer Naturkatastrophe. Alle Teiche trockneten in den genannten Jahren in den Sommermonaten mehr oder weniger aus. Für die Fischproduktion fielen sie ganz aus. Für die Fischer sicherlich ein großer Verlust, doch noch gravierender ist der Verlust unzähliger Bäume, die die Landschaft prägten und ihre Schönheit entscheidend bestimmten. Die Bennewitzer Teiche wurden in einigen Bereichen zu Teichen der toten Eichen und Erlen. Eichen, 200 bis 300 Jahre alt, die am Dammweg zwischen Storchteich-Wiese und dem Storchteich wuchsen, starben ab. Gerade hier standen einige der prächtigsten Eichen der Teichlandschaft, die ich nicht vergaß, stets bei meiner Pirsch aufzusuchen. Deprimierend der Anblick der vielen gefällten Bäume, die entweder zersägt oder beim Fallen in viele Stücke zerfielen und so zu einem Trümmerfeld der Bäume wurden. Ich sah eine Leichenschau einstiger Baumschönheiten und Baumriesen. Darüber konnte man schon traurig werden.

Die Wassersituation bot 2022 folgendes Bild: Alle Teiche, außer dem Königsteich, der zu 60 % gefüllt war, wiesen im Frühjahr einen Füllungsstand von nur 20 % bis 30 % auf. Für das Einsetzen von Fischen kamen sie deshalb nicht infrage. Dafür übernahm jetzt die Natur die Regie. Die Schilfflächen nahmen zu, Birken und Erlen hatten keine Mühe, auf den trockenliegenden Teichflächen Fuß zu fassen. Beträchtlich vergrößerten sich in dieser Zeit die Binsenbestände und der Wasserschwaden, die beide vom Ufer in den Teich hineinwuchsen. Im Herbst sind die Teiche dann zu einer grünen Wiese aus Knöterich, Zweizahn und Uferampfer herangewachsen. Der kleine Rest Wasser in der Fischgrube wird zu einer Vogeltränke.

Heute, am 14.8.2022, habe ich mir den Angerteich ausgewählt, der gegenwärtig eine ungewöhnliche Artenvielfalt an Watvögeln aufweist. Ursachen sind der flache Wasserstand und die größer werdenden Schlammflächen sowie ein reiches und breites Nahrungsangebot. Mein Ansitz ist das Auto und da ich alle Zeit der Welt habe, bin ich gespannt und voller froher Erwartung auf das Erlebnis Angerteich. Schon beim Heranfahren hörte ich das Schreien der Vögel, sah das Auf- und Abfliegen der Kiebitze und Lachmöwen. Nach einer halben Stunde fühlte ich mich von den Vögeln angenommen. Alle, die bei meiner Einfahrt davon flogen, kehrten zurück. Die Fluchtdistanz zum Fotografieren ist für mich günstig.

Ich erlebe einen Teich vielstimmig, federbunt, gestaltenreich und bewegt von den kurzen Flügen, wenn die Vögel den Futterplatz wechseln oder laufend durch den Teich ziehen oder Vogelgruppen ein- und ausfliegen. Ich bin zur richtigen Zeit am richtigen Ort. Zu sehen sind nicht nur viele Arten, sondern sie sind auch zahlreich vertreten. Als Schreihälse, die durch kleine Rundflüge für Unruhe sorgen, treten die Lachmöwen auf

(40–50). Oft schließt sich ihnen eine größere Anzahl von Kiebitzen (30–40.) an. Eine Kampfläufergruppe von 24 Vögeln durchstreift im Abstand zu 33 Bekassinen (Foto rechts) den schlammigen Grund. Wie ein kleiner Speer ragt der lange Schnabel aus dem Vogelgesicht heraus, den die Bekassine als ein Sondierungsgerät einsetzt. Die Spitze ihres Schnabels besitzt Sinnesorgane, mit denen sie Kleintiere wahrnehmen kann.

Kampfläufer im Prachtkleid habe ich in unserer Region nur einmal im Prudel zu sehen bekommen. Die Kampfläufer sind die mit Abstand ungewöhnlichsten Watvögel. Dies trifft sowohl für das Verhalten der Männchen zur Balz als auch für ihr Kostüm zu dieser Zeit zu. Nicht umsonst heißen sie Kampfläufer, denn sie treten zu Gefechten auf einer Balzarena, Mann gegen Mann, an. Ihre Balzkleidung ist eine mächtige Federhalskrause, die bei jedem Kämpfer anders gefärbt ist. Da es jedoch meist nur Scheingefechte sind, bleiben ernsthafte Verletzungen aus. Heute sind sie im Schlichtkleid unterwegs und damit gut getarnt.

Je länger ich im Angerteich herumschaue, umso mehr Einzelheiten nehme ich wahr. Die Vegetation, oft inselartig, meist aus Flatterbinsen und Wasserschwaden herangewachsen, kommt vielen Vögeln als Deckung und Versteck entgegen. Überrascht hat mich die große Anzahl von 27 Grünschenkeln, die nicht nur durch ihre grünen Beine auffallen, sondern auch durch ihre Größe. Sieht man die Beine nicht, ist der leicht nach oben gebogene Schnabel ein Bestimmungsmerkmal, welches ich ebenfalls immer mit einbeziehe. Vier Flussuferläufer wippen sich durch das Gewässer. Zwei Flussregenpfeifer rennen über den Schlamm, verharren kurz zum Aufspüren von Kleinlebewesen, wobei sie oft zu Wasser- oder Schlammtretern werden. Im Umfeld des Ständers mit der Fischgrube ist Schilf gewachsen, in der ein Teichhuhnpaar lebt. Es teilt sich den Grubenabschnitt mit einem Nutriapaar (Foto unten), das mich mit einer Kussszene überraschte. Erstmals sehe ich zwei küssende Nutrias, die sich gar nicht wieder trennen wollten. Etwa zwei Minuten hingen sie mit ihren Gesichtern zusammen! Weitere Watvögel sind unterwegs. Ich kann sechs bis acht Waldwasserläufer (Foto S. 92 unten) und ebenso viele Dunkle Wasserläufer erkennen. Die Zahl der Bruchwasserläufer beläuft sich auf fünf, die der Alpenstrandläufer auf sieben. Auch Blässhühner, Stock- und Krickenten fehlen nicht. Als sich dann auch noch zwei Wildschweine einen Platz zum Suhlen auswählen und einige Teichfrösche ein kurzes Konzert geben, habe ich einen Naturtag erlebt, den ich wohl in dieser Art und Weise kein zweites Mal vorgeführt bekommen werde. Als ich die Watvogelarten zusammenzähle und neun erhalte, sieht es aus wie gelogen. Doch jede Art war vor Ort – am Angerteich der Watvögel. Im Bild sind sie alle festgehalten.

Pirschtag, 04.10.2022

Alte Elbe – Abschnitt mit der Grube.
Fische sind zahlreich.
Revierkampf der Eisvögel.

Wetter: Die Sonne duldet keinen Wolkenschatten. 20°C.

Ein goldener Herbsttag folgt dem anderen. Die Alte Elbe Döbern erlebte Wonnetage und ich ein Eisvogeldrama. Mir erschien es wie ein Streit um Leben und Tod. Augenzeuge einer ähnlichen Situation wurde ich einst bei einem Revierkampf zwischen zwei Höckerschwänen, der sicherlich für einen tödlich ausgegangen wäre, hätte ich sie nicht auseinandergebracht. Der Unterlegene war bereits mit dem Kopf unter das Wasser gedrückt und hatte keine Kraft mehr, sich allein zu erheben.

Der Abschnitt der Alten Elbe mit der Grube war zur Hälfte mit Wasser gefüllt. Kleine Weißfische blitzten mit ihren Körpern, andere sprangen aus dem Wasser heraus, um den Hechten zu entgehen. Es war eine Situation zum Verweilen und ein Grund zur Freude, hier Wasser und Leben zu entdecken.

Die Trampelwege sind schmaler geworden, seitdem weniger Angler vor Ort sind, auch weil diesem Abschnitt schon einmal das Wasser fehlte und das Angeln nicht mehr möglich war. Die Schlehe erobert sich die freien Plätze, indem sie ihre Wurzeln immer weiter ausbreitet. Im März bin ich immer hier vor Ort, wenn sie als schönster Stimmungsmacher des Frühlings mit weißen Blüten prangt. Die Blüten erscheinen vor den Blättern, oft so dicht, als wäre der Strauch mit Schnee behangen. Mein Platz ist eine größere grasbewachsene Stelle am Ufer, die einen weiten Blick in das Gewässer gewährt. Am gegenüberliegenden Ufer überwiegt ein breiter Schlehensaum mit einer ansteigenden Böschung, die mit Weiden, Eichen und Eschen durchsetzt ist. Davor gesetzt schlängelt sich ein unterschiedlich starker Schilfgürtel, aus dem hier und da ein Baumtorso oder Ast herausragt. Diese dienen den Eisvögeln als Sitzwarte zur Fischjagd oder zur Rast. Wiederholt bekam ich sie auch im Rüttelflug zu sehen, wo sie als Hubschrauber, stehend, über dem Wasser nach Beute schauten. Der heutige Herbsttag war nicht nur ein Tag mit froh machender Stimmung, sondern auch einer mit einem ungewöhnlichen Vogelerlebnis, welches man sicherlich nur einmal als Augenzeuge erlebt. Mein Teleobjektiv gewährte mir die Chance, ganz nah bei dieser dramatischen Vogelauseinandersetzung dabei zu sein, die ich eine reichliche Minute vorgeführt bekam. Ich glaubte, eine Akrobatik-Vorführung zu sehen: einen Schleuderakt. Auf der Sitzwarte festgekrallt, den Rivalen wie mit einem Schraubstock am Schnabel umklammert, ging es hin und her, auf und nieder. Wiederholt wurde der Unterlegene dabei auch ins Wasser gedrückt. Mir kam es vor, als sollte er ertränkt werden. Doch dann glaubte wohl der Sieger, jetzt ist es genug, löste seinen Schraubstock und ließ ihn davonfliegen.

Schlehenblüte frühlingsschön

Schlehenblüte frühlingsschön
will nicht länger warten.
Der Wind kann es verstehen,
die Veilchen blühen schon im Garten.

Der Schlehen weiße Schleier
weht weit durchs Land.
Bunter werden die Kleider
von Kind, Frau und Mann.

Wie hab ich dich so lieb
singt die goldene Ammer.
Mit ihr der Winter flieht,
es hilft ihm kein Gejammer.

Wenn ich durch den
Schlehenhohlweg geh
vergesse ich das Schreiten,
es scheint mir, es ist der Himmelsweg,
der herrlichste der Jahreszeiten.

Ach Liebste, lass dich führen.
Reich mir deine Hand.
Du sollst den holden Frühling spüren
mit Herz und Verstand.

Pirschzeit, Oktober 2022

Großer Teich Torgau. Wildgänse. Sonnenuntergang. Seeadler.

Wetter im Oktober: Niederschlag 36 mm. Viele schöne, goldene Herbsttage.

Wer bei offenem Fenster schläft, bekommt Märchenstimmung in sein Zimmer geweht. Wildgänse sind es, die den Großen Teich anfliegen, um hier die Nacht geschützt zu verbringen. Sie werden zu Engelsgestalten, fliegen sie am Mond vorbei. Aber es kann auch sein, dass die Rufe der Gänse zum Weckruf werden, wenn sie zur Morgenstunde zu ihren Futterflächen aufbrechen. Seit Jahrzehnten sind sie ein unverzichtbarer Teil »Naturerlebnis Großer Teich Torgau«. Vergessen wir die digitale Welt und öffnen unsere Sinne für die Schönheiten der Natur sowie für erlebnisreiche Begegnungen. Gerade der Abflussbereich des Teiches gewährt dafür beste Bedingungen. Er wird zur Tribüne mit dem Ausblick bis zum Horizont, wo die untergehende Sonne die Teichlandschaft verzaubert. Dann heißt es Verweilen, um am Farbenspiel von Sonne und Wolken teilzunehmen. Vor allem, wenn die Wolken beteiligt sind, entstehen Stimmungsbilder, die begeistern und zu den schönsten Momenten des Teiches zählen.

Wer die Vogelwelt in den Mittelpunkt seiner Beobachtung stellt, sollte dazu das Strandbad und ebenso den Abfluss auswählen. Beide Standorte sind gut erreichbar. Das Strandbad ist täglich geöffnet. Gegenwärtig sind es die Wildgänse, die als belebendes Element in Erscheinung treten. Saat- und Blässgänse sind unsere Gäste, die aus den Tundragebieten hierher gekommen sind. Bin ich am Teich, bekomme ich auch immer die Frage gestellt, wie viele Gänse sich zur Rast auf dem Gewässer befinden? Ihre Zahl lässt sich nur schätzen. Ich würde mich nach zehn Beobachtungstagen für 5 000 bis 6 000 in diesem Jahr, jeweils vor dem morgendlichen Abflug, entscheiden.

Mit dem Aufsteigen der Sonne und dem Morgenrot beginnt ihr Abflug zu den Futterplätzen. Die Mehrzahl fliegt in östlicher Richtung. Nach wie vor ist es für mich ein Vogelerlebnis, wenn sich 500 oder 1 000 Wildgänse gleichzeitig erheben und ihr anschwellendes Geschrei zu ohrenbetäubendem Lärm aufsteigt. Bereits über den Teich fliegend, bilden sich die ersten keilförmigen Formationen. Bei diesen geht es ruhiger und gemäßigter zu, aber immer mit Stimme, mit Rede und Antwort vom ersten bis zum letzten Vogel.

Gegenüber anderen Jahren ist im Umfeld der Fischgrube eine veränderte Vogelsituation zu erkennen: Die Kormorane fehlen. Wo sich sonst 30 bis 40 Kormorane zum Trocknen ihres Gefieders aufhielten, ist gähnende Leere. Nur einige Gänse und Enten haben sich dort eingefunden. Für das Fehlen der schwarzen Fischjäger gibt es eine eindeutige Antwort: Das Fischangebot ist unzureichend. Bisher konnte ich lediglich acht

Kormorane ermitteln. In guten Kormoranjahren wurden 400 und mehr von ihnen beobachtet. Vor allem, wenn die kleine ehemalige Insel als Kiesbank entsteht, wird sie zum Rastplatz der Gänse und Enten. Dann fliegt hier auch ein Seeadlerpaar zur Jagd ein. Wiederholt konnte ich sie beim Aufnehmen von Fisch (Aas) oder beim Zerteilen einer Gans beobachten.

Fehlten am 30.10. die Adler am Teich, so waren erstmals die Kraniche zu sehen, die sicherlich die Nacht im flachen Wasser verbracht hatten; 121 zählte ich. An diesem Tage überraschte mich eine Rotte Wildschweine im Uferbereich in Höhe des Entenfanges. Dabei waren auch zwei mächtige Sauen.

Abwechslungsreich ist das Teichleben. In herbstlicher Schönheit präsentiert sich gegenwärtig der Teichdammweg. Verschwindet die Sonne hinter dem Waldhorizont, kann man einen der prächtigsten Momente erleben. Es ist ein Geschenk..

Herbst

Der Herbst schickt
die Spinnen auf Reisen.
Vom Winde werden sie weit verweht.
So zu wandern ist ihre Weise.
Ein Seidenfaden in den Lüften dreht.

Irgenwo fällt er nieder.
Die Spinne in ein fremdes Land.
Schon beginnt sie wieder
sich einzurichten mit Spinnenverstand.

Märchenschön erwacht der Tag
mit funkelnden Perlennetzen.
Ein Wiesenfest ist angesagt
mit einer bunten Schar an Gästen.

Das Grasland beginnt zu singen.
Ich hör ein Chor aus Tausend Stimmen.
Es schwebt, steigt auf, will verrinnen.
Überall ein leises Töneklingen.

Jeder Grashalm hat einen Sänger.
Unendlich wird ihre Melodie.
Zur Freude werden diese Klänge.
Ja, zur stimmungsvollen Natursinfonie.

Pirschtage zur Winterzeit 2021/22

Hecken am Radweg. Strauchrosen bei »Kaufland«. Strauch- und Baumabschnitt an der B182 in Höhe Loßwig.

Wetter: Tage mit Schneeflocken und Raureif

Die Aktivitäten des Winters waren bisher von kurzer Dauer und wenig ergiebig in unserer Region: Der in der Nacht gefallene Schnee taute am Tage, der Große Teich blieb nur zwei Tage zugefroren und der Raureif verzauberte die Landschaft auch nur für einen Tag. Und doch waren es Momente winterlicher Schönheit sowie Anlass, sie mit Freude aufzunehmen. Ich wusste, wo die Eiskristalle kontrastreiche Bilder gestalten können und so suchte ich die Hecken am Fahrradweg an der B87 von Torgau in Richtung Beckwitz auf, verweilte bei den Strauchrosen vor »Kaufland«, wo ich blühende Rosen entdeckte. Auch der große Strauch- und Baumabschnitt an der B 182 in Höhe Loßwig zwischen Straße und der ehemaligen Bahn, gehörte zu meinem Ausflug. Hier halten sich gern die Feldrehe auf.

Die Schneeflocken der Nacht waren wahrscheinlich groß und feucht, denn die entstandenen Kopfbedeckungen wiesen häufig fantasievolle Formen auf, sicherlich auch, weil die Köpfe der Natur ganz unterschiedlicher Art waren. Die Früchte der Kletten hatten sich mit hohen Pelzmützen geschmückt. Bei einigen von ihnen entdeckte ich Zipfelmützen und Zylinder.

Doch es war noch ein weiterer Gestalter unterwegs, dessen Werke nur von kurzer Lebenszeit waren – das Tauwetter. Unter seinen Händen schmolz die Schneepracht bald

Rosenschön

Winterlich und rosenschön
ist mein Gruß für dich.
Die letzte Rose pflückte ich.
Schau, es ist ein roter Eiskristall.

Endlich ist das Rosenglück,
wie alles was da lebt.
An meine Lippen will ich es drücken,
ehe es für immer vergeht.

dahin. Er formte Pickelhauben, Schiebe- und Baskenmützen sowie eine Vielzahl von Bedeckungen, die für einen Karneval geeignet schienen. Stunden später konnten keine vorweihnachtlichen Kleiderstücke mehr festgestellt werden. Es schien nur eine Fata Morgana gewesen zu sein.

Der Raureiftag bescherte mir ebenfalls viele einzigartige Fotomotive. Hier bewahrheitete sich das Gebot: Sei zur richtigen Zeit am richtigen Ort. Erst beim genauen Betrachten, erst aus der Nähe, war die Raureifverzierung an den rosa und den gelb gefärbten Rosenblüten zu erkennen. Ich erlebte Rosenblüten von zauberhafter frostiger Schönheit, eingerahmt von dunkelroten, weiß punktierten Blättern. Es sind die Eiskristalle, die die Blütenblätter besäumen und sie zu einer prächtigen Eisblume gestalten.

Jedoch auch die Sträucher am Fahrradweg erfreuten mich mit Kristallen, die mit Rüschen die Blätter und Hagebutten verzierten. Die verschiedenen Hagebuttengrößen und -formen (unterschiedliche Rosenarten) sowie deren Färbung vom leuchtenden Rot bis zum dunklen Schwarz sind die Ursache für das bunte Mosaik der winterlich geschmückten Sträucher. In vergänglicher, kristalliner Schönheit schimmerte das Spinnennetz am Strauch.

Pirschtag, 31.12.2022

**Biber in der Region.
Rege Aktivitäten im Röhrgraben.
Wie der Biberteich zu seinem Namen kam. Reiher im Benkenteich.**

Wetter: Das Wetter ist irre.
18°C. Temperaturen wie im März.

Am letzten Tag des Jahres brauche ich die Stille, Stunden für mich allein mit den alten Eichen über meinem Kopf, deren Stimme und Gesang. Ich fühle eine innere Unruhe, die erst verschwindet, wenn ich den Wind im Gesicht verspüre, den Geruch des Teiches wahrnehme, den Ruf des Bussards.

Den ersten Blick werfe ich auf die Fischgrube des Großen Teiches Torgau. Nur wenige Enten sind zu sehen, Kormorane und Graureiher gar nicht. Weiter geht es auf dem Feldweg zu den Bennewitzer Teichen und seinen Gräben. Die Sonne schiebt sich im Osten mit einem Mix aus Blau und Rot in die Höhe. Das Fenster im Turm der Kirche von Weßnig glüht dunkelrot im Morgenlicht, als brenne sie im Innern.

Die Biber im Revier Flößgengraben-Röhrgraben haben den Hauptdamm verstärkt und weiter hoch gebaut. Der Rückstau ist beträchtlich. Eine Reduzierung ist nicht zu vermeiden. Beim Ablaufen des Grabens entdeckte ich drei kleine Stauwehre von Meister Bockert im Röhrgraben. Der Hauptdamm ist so klug errichtet, dass er beide Gräben anstaut. Biber sind die besten Wasserbauingenieure. Ihr Wissen beruht auf den Erfahrungen unzähliger Generationen.

Ich fahre am Königsteich vorbei, den ein Höckerschwanpaar für sich beansprucht. Eine halbe Stunde verweile ich am Biberteich, der seinen Namen in den 1950er Jahren mit der Erstansiedlung des Elbebibers in den Bennenwitzer Teichen erhalten hat. Die Begeisterung darüber war so groß, dass der ursprüngliche Name Schockhölzchenteich im Grundbuch durch Biberteich ersetzt wurde. Aus den Nachkriegsjahren liegen nur wenige Informationen zur Biberpopulation im Kreis vor. Zu der Gesicherten zählt die von Kurt Markus (Kreisnaturschutzbeauftragter). Im Heimatkalender des Kreises Torgau von 1958 erwähnt er drei Vorkommensgebiete: »1. Die Weinske vom Welsauer Loch bis zur Mündung bei Polbitz, 2. die Bennewitzer Teiche, insbesondere den Schockhölzchenteich bei Bennewitz, und 3. den Kathewitzer Elbarm von Camitz bis Kathewitz.« Gegenwärtig leben 131 Biber in 51 Revieren in der Region Torgau.

Zum heutigen Tagesziel zählte der Benkenteich, die Wanderung entlang des Dammwegs, der ein einzigartiger Eichen-Kiefernhohlweg ist. Zwischen den 200-jährigen Stieleichen stehen ebenso alte Kiefern, die zu den prächtigsten im Pflückuffer Wald zählen. Die Begrüßung, die ich durch den Graureiher erhalten habe, klang nicht gerade freundlich. Aber er kann es wohl nicht anders. Krächzend ist seine Stimme, wann und wo er diese auch tönen lässt.

Mit seinem Ruf kann er mich nicht gewinnen, wohl aber mit seinem Äußerem. Ich sah einen alten Graureiher mit einem starken silbernen Brustbehang, langen flatternden Scheitelfedern und den im Wind aufgewirbelten schmalen Silberfäden des Rückenschmuckgefieders. Ja, es stellte sich mir eine Reiherschönheit vor. Ein Silberreiher erhob sich aus den Rohrkolben mit warnenden Lauten: Rahrahrrahr, weniger laut als der Graue, gurgelnd wie ein Mensch. Als wohlklingend kann ich seine Stimme nicht bewerten, dafür ist er engelsschön.

Naturschönheiten am Großen Teich Torgau – das Gewässer im Wandel der Jahreszeiten

Geschrieben im Dezember 2002 für die Torgauer Zeitung.

Für viele Torgauer ist der Große Teich Torgau nicht nur Ziel, wenn im November die Karpfen im Netz zappeln, sondern auch zu Spaziergängen, um sich an der Natur zu den verschiedenen Jahreszeiten zu erfreuen. Sicherlich zählt der Teichdammweg im Abflussbereich bis zum Biberhof zu den Naturperlen im Frühling und Herbst. Im April begleiten den Wanderer die blühenden Sträucher von Wild- und Traubenkirsche, Weißdorn und Heckenrosen, grüßen ihn die goldgelben Blütenkätzchen der Eichen, die sich mit ihren Zweigen wie ein Dach über den Weg wölben. Die Stieleichen, hundertjährig und älter, prägen maßgeblich die Teichlandschaft. Viele von ihnen scheinen aber gefährdet zu sein, sollte der Teichdamm, wie vorgesehen, erneuert und mit Spundwänden versehen werden.

Wandert der Herbst durch das Land, erhält der Teichdammweg für zwei bis drei Monate ein farbiges Aussehen. Bunt wird er dann wie ein Kindermalbuch – jeden Tag ein wenig mehr. Auffallend am beiderseitigen Wegsaum zeigt sich der Weißdorn, strauchartig und in Baumgröße, mit roten Früchten dicht behangen. Auch die vielen Heckenrosen und Pfaffenhütchen tragen mit ihrer reichen Tracht zum bunten Herbstbild bei. Bleibt das Pfaffenhütchen zur Blüte unauffällig, so wird der Strauch zur Laubfärbung zum Blickfang. Seine Früchte und vor allem die intensive Rotfärbung seiner Blätter lassen ihn zu einer Fackel der Jahreszeit werden. Zu jedem weiteren Wandertag wird es hier attraktiver. Das Kindermalbuch erhält Woche für Woche neue Farbstriche. Überwiegend werden sie in Gelb aufgetragen. Unübertroffen ist das Farbenmosaik des Berberitzenstrauches, sind die Übergänge seiner Blätter aus dem Gelb in das Weinrot mit den Zwischentönen. Immer kahler wird der Dammweg im November. Esche, Ahorn und Erle haben schon seit Tagen ihr Laub verloren. Nur die Eichen leisten noch Widerstand und wollen ihr braunes Blätterdach nicht hergeben. Doch der Nachtfrost kennt keine Gnade und so lag anderen Tags das Dach abgedeckt zu ihren Füßen.

Zu den eindrucksvollsten Naturerscheinungen des Teiches zählen seine Abendstimmungen mit den Sonnenuntergängen. Der Abfluss-Standort mit den Bänken gewährt dem Naturfreund hierfür den freien, uneingeschränkten Blick bis zum Horizont und das

Erlebnis des Farbwandels im Spiegel des Teiches. Wer ihn zur Ulenflucht aufsucht, wird den Abschied des Tages jedes Mal anders erleben. Nie gleicht ein Sonnenuntergang dem vorhergehenden. Nicht das einheitliche Rot wird zum Zauber des Teiches. Dazu braucht es Wolken, die Sandbänke der Fischgrube, die Inseln und den dunklen Wald am Horizont. Ist dort die rote Kugel herabgesunken, gibt es Abende, in denen sie nochmals aus der Tiefe aufleuchtet und Gewässer sowie Himmel mit neuen Farben überschüttet. Aus dem Teich wird so ein riesiger Lampion mit einem warmen Leuchten. Es scheint uns, als würde der Wald einen Schleier über die Sonne ziehen, damit sie ungestört und bei abgeblendetem Licht schlafen kann. Gesellen sich blaue Schäfchenwolken hinzu, um der Sonne gute Nacht zu sagen, erlebt der Teich sein schönstes Farbenfest. Große Bereiche der Wolken schimmern dann goldig rot, andere verharren im Blau. Greift der Wind in das Geschehen ein, wird er zum Partner und zum Mitgestalter. Über weite Strecken kräuselt er das Wasser und lässt neue Muster entstehen.

Ist der Teich abgelassen, entsteht mit der Fischgrube ein geschwungenes Ufer, das in einer Landzunge endet. Es verleiht dem Abendrot Kontrast und dem Teich landschaftliche Schönheit. Erlebt man eine solche stimmungsvolle Stunde, wünscht man sich, sie möge kein Ende nehmen. Nur einmal gelang es mir, eine solche Teichfaszination im Bild festzuhalten.

Wer noch ein wenig Wildgänseromantik mit nach Hause nehmen will, sollte eine Stunde anhängen. Die Ersten treffen zwar auch schon zur Gute-Nacht-Stunde der Sonne ein, doch die großen Züge steuern erst zur Dunkelheit das Gewässer an. Ihr Geschrei, ihre frohen Rufe, das Ziel erreicht zu haben, unterbricht für einige Minuten die abendliche Stille. Ist es noch hell genug, ist zu erkennen, dass viele Gänse im Taumelflug, ja im Überschlag, nach unten stürzen. Deuten wir es für die Vögel als Freude, gesund mit den Geschwistern den Schlafplatz erreicht zu haben.

Pirschtag, 01.01.2023

Die Fischgrube ist ein Ort mit unzähligen Fischkadavern. Möwen, Kormorane und Graureiher erhalten ein Tischlein-deck-dich. Der Fischer muss bis zu fünf Tonnen toter Fische bergen. Ursache des Fischsterbens ist Sauerstoffmangel. Dieser entstand, als der Teich mehrere Tage zugefroren war.

Wetter: Am 13.12.2022 stellte sich der Winter ein. In der Nacht gab es bis zu –5°C, am Tage –1°C. Auch die folgenden Tage waren frostig: Die Tagestemperaturen lagen bei –3°C, die in der Nacht gingen auf –10°C zurück. Der Große Teich bekam für einige Tage eine geschlossene Eisdecke. Am 31.12.2022 zeigte das Thermometer irre 18°C an.

Noch immer ist die Fischkatastrophe mit angeschwemmten toten Karpfen am Großen Teich Torgau zu sehen. Innerhalb der Fischgrube zählte ich am Neujahrstag 23 Spiegel- und Schuppenkarpfen, zwei Aale sowie einen Hecht. Ich war auch vor Ort, als Fischer Thomas Plate in den letzten Tagen des alten Jahres die Karpfenkadaver beseitigte. Welch trauriger und schockierender Anblick. Zugleich musste ich mir gestehen: für einige Vogelarten wurde er jetzt zu einem reichhaltigen Futtertrog, zu dem sie sich eingefunden hatten. Die Zahl der Silber- und Lachmöwen war mit 300 noch nie so groß wie zu dieser Jahreszeit. Besonders die bussardgroßen Silbermöwen fielen auf, wenn sie mit lautstarkem »Gejaule« mitteilten, dass dieser Fisch ihnen gehören würde. Ich konnte sie aber auch als Fischdieb erleben, wenn sie den Kormoranen einen Barsch oder kleinen Aal abjagten. Waren die Kormorane in den zurückliegenden Monaten mit einer geringen Anzahl vertreten, so wuchs diese gegenwärtig auf etwa 50 an. Von ihnen bekam ich eine Fangsituation zu sehen, die ich wahrscheinlich nie wieder erleben werde. Ich hätte sie auch nicht für möglich gehalten, wäre ich nicht als Augenzeuge dabei gewesen: Kormorane verschlingen Aale mit einer Länge von einem halben Meter und mehr. Für diesen Kraftakt benötigte der Vogel manchmal 10 bis 15 Minuten. Oft schaute der Schwanz des Fisches noch lange aus dem Schnabel heraus.

Interessant war auch folgende Beobachtung: Ein Kormoran hatte einen großen und dicken Aal gefangen, den er jedoch im Wasser nicht herunterschlingen konnte. Deshalb ging er mit diesem an Land, doch auch hier scheiterten seine Versuche. Eine Zeit lang verteidigte er mit ausgebreiteten Flügeln seinen Fang. Dies hielt aber einen Graureiher nicht davon ab, blitzschnell zuzugreifen und mit dem Aal zu flüchten. Diesen Moment im Foto festzuhalten, wurde für mich zu einem Glücksfall. Zu der Problematik der Aale ist zu bemerken, dass auch sie vom Sauerstoffmangel betroffen waren. Eine Tischlein-deck-dich-Situation erlebten vor allem die Tiere, die Kadaver verzehren. Dazu zählen die Möwen, Krähen und Seeadler. War bisher nur das Pflückuffer Seeadlerpaar zu beobachten, so stellte sich noch ein weiteres Paar am reich gedeckten Tisch ein. Nicht am Leichenschmaus beteiligten sich die Graureiher. Wie es schien, waren sie nur an lebender und zappelnder Beute interessiert.

Der Große Teich Torgau ist ein einzigartiger Naturraum. Er gewährt uns traurige und frohe Erlebnisse. Mögen wir nie wieder Augenzeuge einer solchen schockierenden Situation werden.

Ich sollte am Ende meines Pirschtages jedoch auch einen optimistischen Moment erleben! Ein 17-köpfiger Kranichzug flog rufend zum Teich, um hier für kurze Zeit zu rasten.

Pirschtag, 05.01.2023

Melpitzer Wiese. Graugänse. Audienz beim Eisvogel.

Wetter: Regenschauertag mit einem Hauch Himmelbau. 11°C. Windböen brachten die Bäume zum Stöhnen.

Unterwegs zu den Melpitzer Wiesen. Der Januar hat den April herbeigerufen und so regnet es in kräftigen Schauern. Auf den Wiesen kann ich kein Tier entdecken. Der Regen zwingt mich zur Autorast. Immer wieder muss ich die Scheibenwischer in Bewegung setzen, um Feld und Wiese zu sehen. Verweilte länger am Brandweg mit seinem Gehölz. Drei Kolkraben schauten nach mir. Ihnen fiel das Auto auf. Für sie war ich aber keine Gefahr und so flogen sie still vorüber. Auf der Feldflur vor Melpitz ästen zwischen 40 und 60 Graugänse auf der Gerstensaat. Als ich zum Beobachten anhielt, flüchteten sie gruppenweise. Die Schauer bekamen eine Pause, die ich zu einer kleinen Wanderung entlang des Umfluters bis zum Verteilerwehr nutzte. Im Graben vor dem Wehr fischte der Eisvogel. Mit Freude nahm ich wahr, dass es im Gewässer viele kleine Weißfische gab. Futter für unsere Vogelschönheit. Er ist der Vogel mit dem Aha-Effekt. Es ist gerade dieser Grabenabschnitt bis zur Eisenbahnbrücke, wo mir der Königsfischer in den letzten Jahren die meisten Audienzen gewährte, allerdings nur vom Tarnzelt aus. Das Zelt wurde dann noch von mir mit Rohrglanzgras und Ästen verpackt sowie mit grünem Gärtnerdraht gesichert. Damit war es unauffällig und unterschied sich nur wenig vom Umfeld. Der Eisvogel (Fotos unten und rechts oben) bekam später eine grün bemooste Sitzwarte und ich von ihm ein farbenprächtiges Bild. Dieser dicke Moosast lockte weitere Vögel herbei.

Der Zaunkönig begann sofort nach dem Einflug, sein Lied hinauszuschmettern. Dies mit einer Lautstärke, die man ihm gar nicht zutraut. Verstehen kann ich ihn ja. Ist er doch ein Vogelzwerg und Kleine wollen bekanntlich gerne groß sein. Der Zaunkönig ist für mich ein Sänger mit großer Stimme, die keine Traurigkeit kennt. Auch Alfred Brehm war von seinem Gesang begeistert. »Wem im Winter beim Lied des Zaunkönigs das Herz nicht aufgeht in der Brust, ist ein trauriger, freudloser Mensch.« Nach seinem Auftritt erschien ein Rotkehlchen (Foto rechts unten). Wie es schien, war es sehr erfreut, einen freien Vorführsteg zu finden. So trippelte es hin und her, sich nach allen Seiten verneigend, um der Welt zu zeigen, welche schöne orangerote Brust es hat. Vielleicht sollte das Trippeln auch ein Tanz sein, denn oft verharrte es kurz, zuckte mit den Flügeln und dem Schwanz, lief weiter vor und zurück, um erneut ins Zucken sowie in eine Verneigeaktion zu geraten. Einer Legende nach verdankt das Rotkehlchen seine Rotfärbung einem Feuer. Als das Feuer ausging, flog der Vogel zur Glut und fachte es mit eifrigen Flügelschlägen wieder an. Auffliegende Funken trafen seine Brust und färbten sie orange-rot. Was für ein Vogelerlebnis: dreifach schön!

Pirschtage, April 2023

Zu den Braunkehlchen auf den Melpitzer Wiesen. Er ist »Vogel des Jahres«. Auch das Schwarzkehlchen ist vor Ort.

Wetter: Der April ist mit 17 mm Niederschlag zu trocken.

Wenn ich im April auf den Melpitzer Wiesen die Braunkehlchen begrüßen kann, dann haben diese als Langstreckenzieher eine Reise von 5 000 km hinter sich: ein beschwerlicher und gefährlicher Flug für sie. Das ist auch eine Ursache für ihren starken Rückgang, sodass sie heute zu den stark gefährdeten Vögeln in Deutschland zählen. Erfreulicherweise fehlten sie bisher in keinem Jahr auf dem Melpitzer Wiesenareal. Da sie mit Vorliebe auf den Koppelpfählen sitzen, von dort singend ihren Revieranspruch verkünden oder auf Insektenjagd unterwegs sind, bleiben sie uns nicht verborgen. Oft hatte ich sogar den Eindruck, sie wollen gesehen werden. Lief ich auf dem Koppelweg, flogen sie aus der Wiese auf einen der Koppelpfähle, um mir vielleicht mitzuteilen: Schau mich an, wie schön ich bin. Ihre Schönheit ist nicht auffällig, von Protzigkeit keine Feder. Das Braunkehlchen (Foto unten) weist eine Augenbinde auf, die auch als Überaugenstreif bezeichnet wird. Wegen dieser weißen Binde nennen die Vogelfreunde das Braunkehlchen scherzhaft auch Wiesenclown. Die Kehle und die Brust sind orangebraun gefärbt, der Rücken ist braun mit dunklen Flecken.

Die Melpitzer Wiesenlandschaft ist ein guter Lebensraum für den Vogel. Ein Großteil ist Naturschutzgebiet und wird so bewirtschaftet, dass sich ein reiches Insektenleben entwickeln kann. Dies ist die Voraussetzung dafür, dass die Wiesenvögel ihren Nachwuchs auch sattbekommen. Doch das ist keinesfalls überall der Fall und der Hauptgrund für ihren Rückgang. Eine weitere Gefährdung entsteht durch die relativ späte Brut. Als Langstreckenzieher erscheint das Braunkehlchen relativ spät im Brutgebiet – meist erst dann, wenn die Wiesenmahd einsetzt. Als Bodenbrüter hat der Nachwuchs deshalb nur eine geringe Chance zu überleben. Für das auch im Gebiet vorkommende Schwarzkehlchen (Foto links) ist die Situation wesentlich günstiger, da es ein Monat früher zurückkehrt und der Nachwuchs bereits flügge ist, wenn im Juli gemäht wird.

Das Braunkehlchen ist ein Vogel der Offenlandschaft. Sein Lebensraum ist die Wiese. Das Melpitzer Grünland erfüllt in idealer Weise seine Ansprüche. Neben einem artenreichen Grünlandbewuchs befinden sich hier auch Ackerblühflächen bzw. Brachen mit einer vielfältigen Kräutergesellschaft. Die vielen Sträucher an den Wiesengräben sind als Sitzwarten für die Vögel wichtig. Zusammenfassend kann man sagen: Die Melpitzer Wiesenlandschaft zählt zu den besten Naturräumen unserer Region. Deshalb leben hier Wiesenpieper, Grau- und Goldammer, Schwarz- und Braunkehlchen, Feldlerche, Neuntöter und Raubwürger. Hier finden Weißstorch, Grau- und Silberreiher, Kranich und Graugans, Fasan, Turmfalke sowie Mäusebussard Nahrung. Die Pächter und Besitzer haben es durch ihre Bewirtschaftung in der Hand, dass dieser glückliche Zustand so bleibt. Aber auch alle Hundefreunde sind aufgerufen, die Wiesen mit ihren Hunden zu meiden, zumal der Schutzstatus NSG das Belaufen mit ihnen als Ordnungswidrigkeit bewertet.

Pirschtag, 23.07.2023

Angerteich, zählt zu den Bennewitzer Teichen. Der Wasserdost ist erblüht. Größtes Vorkommen im Gebiet. Zahlreiche Besuche von Insekten. Der Wasserdost ist eine wichtige Heilpflanze.

Wetter: Die Sonne hat das Sagen. 30°C. Trocken. Der Himmel winkt mit weißen Tüchern.

Das Schmetterlingsgedicht von Hermann Hesse
Die Zeit der vielen Falter ist gekommen,
Im späten Phloxduft taumelt sacht ihr Tanz.
Sie kommen schweigend aus dem Blau geschwommen,
Der Admiral, der Fuchs, der Schwalbenschwanz,
Der Kaisermantel und Perlmutterfalter,
Der scheue Taubenschwanz, der rote Bär,
Der Trauermantel und der Distelfalter.
Kostbar an Farben, pelz- und samtbesetzt,
Juwelenschillernd schweben sie einher,
Prächtig und traurig, schweigsam und benommen,
Aus untergegangener Märchenwelt gekommen,
Fremdlinge hier, noch honigtaubenetzt,
Aus paradiesischen, arkadischen Auen,
Kurzlebige Gäste aus dem Morgenland,
Das wir im Traum, verlorene Heimat, schauen
Und dessen Geisterbotschaft wir vertrauen
Als eines edleren Daseins holdem Pfand.
Sinnbilder alles Schönen und Vergänglichen,
des Allzuzarten und des Überschwenglichen,
Schwermütige und goldgeschmückte Gäste
An des betagten Sommerkönigs Feste!

Im Juli zählt der Wasserdost am Angerteich zu meinen Zielen. Seit Tagen bin ich unterwegs und schaue nach seinen Blüten. Sind die schirmförmigen Doldentrauben geöffnet, werden sie zu einem Sammelort für Insekten. Ich sehe diese einfliegen als Tänzer in bunten Kostümen. Diese können einfarbig mit Mustern oder mehrfarbig und kontrastreich ausfallen. Das des Zitronenfalters leuchtet in Gelb. Der Kaisermantel (Foto Mitte) stellt das Seinige in Rotbraun mit langen schwarzen Streifen vor und das Große Ochsenauge (unten, rechts im Bild) im schlichten Braun mit schwärzlich weißgekernten Augenflecken. Der schönste der Schmetterlinge ist für mich der Admiral (Foto unten, links im Bild). Er ist ein absoluter Hingucker mit seiner kontraststarken Flügelfärbung, der roten Binde auf dem schwarzen Untergrund der Vorderflügel. Den Segelfalter (Foto oben) hier zu sehen, war eine Überraschung. Er ist selten und wurde deshalb schon früh unter Schutz gestellt. In unserer Region habe ich ihn bisher lediglich dreimal beobachtet. Das Fotolicht ist heute optimal und so auch die Aufnahme. Nicht zu übersehen sind die intensiven und zahlreichen Besuche von Hummeln und Bienen.

Der Wasserdost ist jedoch nicht nur eine Pflanze mit einer reichen Nektartracht, deren Angebot besonders in der blütenarmen Zeit lukrativ für die Insekten ist. Gegenwärtig sind vor allem seine Heilkräfte gefragt. Werden die heutigen Untersuchungen zu seiner Wirkung genannt, lässt er sich als eine Wunderheilpflanze bezeichnen. In Studien wurde nachgewiesen, dass seine Wirkstoffe immunstärkende, entzündungshemmende und Viren abtötende Eigenschaften aufweisen. Die sicherlich wichtigste Entdeckung war, dass er Inhaltsstoffe besitzt, die selbst gegen resistente Viren wirken.

In der Therapie bei grippalen Infekten ist der Einsatz wasserdosthaltiger Naturheilmittel besonders empfehlenswert. Konsequent eingenommen, können sie bereits Infekte im Keim ersticken. Aber auch bei einer schon ausgebrochenen Grippe lässt sich diese durch Einnehmen von Wasserdostpräparaten um die Hälfte der Zeit verkürzen.

Pirschtage, 07.04. bis 09.04.2023

Saatkrähen- und Graureiherkolonie im Glacis, dem Torgauer Stadtpark.

Wetter: Frühnebel. Überwiegend Sonne. Nachtfrost bis – 2°C.

Nach dem Besuch der Landesgartenschau war ich nicht wieder in das Glacis zur Beobachtung der Graureiherkolonie gekommen. Sie ist die Einzige in unserer Region, die leider auch immer kleiner wird. Ich bin gespannt auf das heutige Zählergebnis! Bereits beim Betreten empfing mich das laute Geschrei der Krähen, die jetzt nach der Gartenausstellung die Regie übernommen haben und hoch in den Bäumen ihre Ausstellung zeigen. Brutnest an Brutnest reiht sich auf den Bäumen aneinander, auf manchen Bäumen zähle ich zehn und mehr. Welch ein Vogelleben, was für ein emsiges Treiben. Viele Paare brüten bereits, andere sind noch mit dem Nestbau beschäftigt. Wie es scheint, ist das Nistmaterial ein Engpass, denn immer wieder sehe ich dazu einen Diebstahl. Es ist ja auch sehr verlockend, wenn man gerade mit dem Nestbau beginnt und der Nachbar nebenan hat das seine bereits vollendet. Den richtigen Moment ausgewählt, und schon landet ein Zweig vom Nachbarn im eigenen Nest. Das Krähengeschrei ist im Areal so groß, dass die Gesänge der anderen Vogelarten kaum noch zu hören sind, obwohl z. B. Buchfink, Zilpzalp, Star und Amsel mit Herzenslust dem Frühling ein Loblied singen.

Was für ein faszinierendes Vogelerlebnis. Ein solches Spektakel hat das Glacis noch nicht erlebt. Es sollte keiner versäumen, es zu hören und zu sehen. Verantwortlich für das Vogelereignis sind die Saatkrähen, die immer in Kolonien brüten. Die weißliche Schnabelwurzel ist ein gutes Erkennungsmerkmal für die Saatkrähe, denn es sind auch einige Nebel- und Rabenkrähen dabei. Im Herbst und Winter ziehen die Saatkrähen (Foto S. 109 oben) in großen Schwärmen durchs Land und lassen sich häufig zur Äsung auf den Feldern nieder. Zu ihnen gesellen sich dann auch Raben- und Nebelkrähen sowie Dohlen. Bemerkenswert ist die Wertung der Saatkrähen von Alfred Brehm, die zu seiner Zeit einen schlechten Ruf besaßen und mit allen Mitteln bekämpft wurden. Sie ist, so schreibt er, der beste Vertilger von Maikäfern, seiner Larven und der Nacktschnecken, auch einer der trefflichsten Mäusejäger, welchen unser Vaterland aufzuweisen hat.

Die Graureiherkolonie (Foto S. 108 und rechts unten) im Glacis zählte in ihren besten Zeiten 30 bis 35 Paare. Heute kam ich beim Zählen der besetzten Nester nur noch auf 15. Das ist ein beunruhigendes Ergebnis für unseren einheimischen Reiher. Hat der Teich keinen Graureiher, fehlt ihm ein Stück Leben, fehlt ihm eine Zierde. Graureiher und Teich gehören einfach zusammen! Um das Jahr 2000 brüteten am Großen Teich Torgau bis zu 40 Paare sowohl auf den Bäumen als auch im Schilf. Gegenwärtig brütet kein Reiher im Teichgebiet. Die Reihernester liegen im Glacis nicht sehr weit auseinander. Das erleichtert mir die Beobachtung und das Zählen. Verwundert bin ich über die kleinen Nester, auf denen die großen Vögel bereits brüten. Die Mehrzahl der Reiher ist jedoch noch mit dem Nestbau beschäftigt. Ein Partner sitzt meist auf dem Nest und nimmt dem Einfliegenden den Ast ab. Manchmal bekommen die Nestbauer Schwierigkeiten, wenn der Ast gar zu lang ausfällt. Mit Ausdauer wird dann von beiden versucht, den Ast im Nest zu befestigen. Aber wie ich sehe, gelingt es meinem Paar nicht und er fällt herab. Entmutigt hat sie das jedoch nicht und so macht er sich wieder auf den Flug, um neues Baumaterial zu holen.

Die Stadt Torgau gewährt den Besuchern des Glacis ein einzigartiges Vogelerlebnis gratis. Wenn die Jungen von Reiher und Saatkrähe in den Nestern nach Futter betteln, wird es sicherlich noch etwas lebhafter zugehen.

Die große Saatkrähenkolonie im Glacis könnte bei den Besuchern zu einer Fehleinschätzung bei einer Bewertung des Bestandes führen. Er ist seit Jahren in Sachsen rückläufig. Inzwischen ist die Saatkrähe in der Roten Liste als stark gefährdet aufgenommen worden. Eine Frage ist noch zu beantworten! Wie groß ist die Anzahl der brütenden Saatkrähenpaare im Glacis Torgau? Wer will sie zählen? Ich schätze sie auf 180 bis 200.

Pirschtage, 01.05. – 05.05.2023

Brutkolonie der Lachmöwen. Nestbau und Paarung.

Wetter: Der Frühling kommt mit Volldampf. Mit jedem Tag wird es wärmer. Kurzer Regenschauer. Temperatur steigt auf 20°C.

Meine Pirschtage am Angerteich habe ich in meinem Tagebuch als Tage »himmelhochjauchzend und zu Tode betrübt« vermerkt. Es beginnt am 01.05. mit dem Aufsuchen der Bennewitzer Teiche. Am Angerteich begrüßen mich laut schreiend 50 bis 60 Lachmöwen, teils fliegend, teils auf den Binsenhorsten sitzend. Für den Teich ein ungewöhnliches Bild. Als auch am anderen Tage die gleiche Situation zu beobachten ist und einige von ihnen mit Nistmaterial unterwegs sind, ist die Sensation perfekt: Hier entsteht eine Brutkolonie der Lachmöwen (Fotos oben und links)! Am 03.05. bin ich schon 6:30 Uhr vor Ort. Ein solches Vogelereignis zu erleben dürfte einmalig sein, zumindest in unserer Region. Wo ich hinschaue, reges Möwentreiben. Viele Binsenhorste sind bereits von den Paaren belegt. Ein Partner schafft das Material für das Nest heran. Der andere wacht, damit es zu keinem Diebstahl kommt. Oft nutzen sie die Pausen beim Nestbau, um sich zu paaren. Ich konnte auch beobachten, dass es Versuche gibt, andere Paare von ihren ausgewählten Brutplätzen zu vertreiben. Dann lieferten sich die Parteien heftige Kämpfe.

Die Entfernung meines Ansitzes am Teichweg erlaubte mir eine gute Beobachtung und, mit dem Teleobjektiv, scharfe Aufnahmen. Durch meinen langen Aufenthalt ohne Störungen gab das Gewässer alle seine Tiergeheimnisse preis. Aus dem Binsenabschnitt tauchte plötzlich eine Graugansfamilie mit fünf Gösseln auf, gefolgt von einer Zweiten mit vier. Mehrere Blässhühner, von der Menge der Möwen unbeeindruckt, bauten in deren unmittelbarer Nähe ihre Nester. Am Ufer liefen zwei Flussuferläufer umher und stocherten im Schlamm nach Insekten. Ein Schellentenerpel begleitete seine Partnerin balzend. Immer wieder wirft er seinen Kopf auf den Rücken. Zur Entengesellschaft zählen Tafel-, Schnatter- und Reiherenten. Unverwechselbar, das Trillern des Zwergtauchers. Hell und fröhlich ist sein Ruf. Aus dem Schilf dringt laut das Lied des Drosselrohrsängers mit seiner Anfangsstrophe »karre-karre-kiet-kiet«. Mit dieser Singweise ist er leicht zu erkennen. Auf seine Stimme habe ich schon lange gewartet. Sie gehört einfach zu unseren Teichen. Ein Silberreiher fliegt ein und sucht sich einen Fallbaum als Sitzwarte. Dann bekam ich die Balz der Haubentaucher vorgeführt, die zum schönsten Liebesspiel unter den Vögeln zählt.

Die Frösche hatten es schwer, gehört zu werden. So zahlreich hatte ich sie hier schon lange nicht vernommen. Zu sehen war auch noch eine sich putzende Nutria, die auf einem liegenden, bemoosten Baum die Sonne genoss. Ein Vogelruf sollte meine Pirsch beenden – der Kuckuck. Ja, dieser Tag war für mich ein großartiger Naturtag.

Aber wie erlebte ich »den zu Tode betrübten Tag?« Es ist der 5. Mai, 7.30 Uhr. Ich laufe zum Angerteich: Möwenstille. Keine Lachmöwe schreit. Keine sitzt auf dem Nest. Was ist passiert? Warum haben alle Möwen den Teich verlassen? Waren ihre Brutaktivitäten nur ein Spiel? Hat der Mensch sie vertrieben? Eine Antwort habe ich nicht. Wer kann sie mir geben!?

Pirschtag, 18.06.2023

Angerteich mit lautstarkem Froschkonzert. Vogelreichster Teich. Täglicher Wasserverlust.

Wetter: Nachtschauer mit 2 mm Regen. Die Erde schreit nach Wasser. Quellwolken, 30°C.

Es sollte heute ein Angerteichtag werden. Ich erlebe das größte Begrüßungskonzert der Frösche seit vielen Jahren. Da muss ich vor Ort bleiben. So stimmgewaltig ist es nur an diesem Teich zu hören. Sie hatten sich im vorderen Gewässerbereich, wenn man vom Fahrradweg in die Teichlandschaft läuft, versammelt. Hier sind sie mir so nah, dass der Froschchor alle anderen Stimmen des Teiches übertönt. Wie lange werde ich es hören können? Wo ich hinschaue, sehe ich Frösche mit mächtigen Schallblasen, die sie seitlich ausstülpen. Man schwimmt und hüpft umher, springt den Nachbarn an oder versucht ihn zu umklammern. Der Teich gerät in Bewegung. Von weitem sieht es aus, als würde dieser Ort kochen und sprudeln. Auf einem Fallbaum sitzend, höre ich ein lang andauerndes Konzert. Erst nach 20 Minuten machen die Chormitglieder eine kurze Pause. Damit hat endlich der Drosselrohrsänger die Chance zu verkünden, dass seine Frau fünf Küken ausgebrütet hat, die ich nebenan im Schilfnest entdeckt habe. Ich erlebe die Frösche in Hochform und so vereinigen sich die Stimmen von 30 bis 40 Fröschen erneut. Ich unterscheide beim genauen Verhören zwei Rufarten. Die eine klingt wie ein Meckern. Das hat den Biologen Peter Simon Pallas veranlasst, sie mit dem menschlichen Gelächter zu vergleichen. Weshalb er die Art ridibunda – von lat. lachend, nannte. Mit dieser Stimme tritt unser Seefrosch auf, der aber auch an seiner dunkelgrau gefärbten Schallblase bestimmt werden kann. Die zweite Art im Chor stellt sich als Teichfrosch heraus. Ich erkenne mithilfe des Fernglases helle, weißliche Schallblasen. Sie sind ein typisches Merkmal für den Teichfrosch (Foto rechts).

Das in der Natur gültige Gesetz »Fressen und gefressen werden« bekam ich hier wiederholt zu sehen. Graureiher (Foto links) in einer Anzahl zwischen drei und fünf sind unterwegs. Im Jagdgang durchkämmen sie den Uferbereich, oft über eine Minute auf einer Stelle verharrend, um dann nach erfolgreichem Beutezugriff wieder langsam das Gelände zu durchschreiten. Ich schaue einem Reiher über eine Stunde beim Jagen zu, um seine Beute zu erkennen. In dieser Zeit schluckte er fünf große Kaulquappen herunter. Alle Aufnahmen zeigen Kaulquappen an, keine Frösche. Die Frösche hatten bewusst oder zufällig einen für sie günstigen Platz ausgewählt. Denn hier sind oft Spaziergänger zu beobachten, die den Einflug oder das Absuchen des Gewässers an dieser Stelle durch die Reiher weitestgehend verhindern. Doch sicher können sie sich ihres Lebens keinesfalls sein. Auch die beiden halbstarken Waschbären, die gerade am breiten Ufer entlang ziehen, verschmähen sie nicht.

Dann kam der Moment, in dem ich genug Froschgeschrei gehört habe, und so wechsele ich den Beobachtungsplatz und richte diesen am Abfluss des Angerteiches auf der Treppe ein. Von hier habe ich die beste Übersicht auf das Teichleben. Ein Rohrweihenmann attackiert mehrfach im hinteren Bereich das Wassergeflügel. Ob es die Stockente mit ihren 13 Gösseln ist? Gegenwärtig ist das Gewässer mit den 20–30 Tafelenten (Foto Mitte), den 15–20 Reiherenten, den acht Krickenten, den sechs Knäkenten sowie den drei Graugansfamilien und den zwei Blässhuhnfamilien das artenreichste. Stockenten zähle ich 22, die vor allem gründelnd den Teich nach Futter absuchen.

Als ich noch einen Abstecher zum Storchteich mache, entdecke ich zwei brütende Haubentaucher, deren Nester nur wenige Meter voneinander errichtet sind. Eine solche Situation gab es in den Bennewitzer Teichen noch nicht, dass sich die Taucher in die Nester schauen konnten. Ich sehe drei Silberreihern beim Beutegang zu. Die Beute ist klein. Ich vermute, dass es Fische sind.

Die Frösche

Ein großer Teich war zugefroren;
Die Fröschlein, in der Tiefe verloren,
Durften nicht ferner quaken
noch springen,
Versprachen sich aber
im halben Traum,
Fänden sie nur da oben Raum
Wie Nachtigallen wollten sie singen.
Der Tauwind kam, das Eis zerschmolz,
Nun ruderten sie und landeten stolz
Und saßen am Ufer weit und breit
und quakten wie vor alter Zeit.

Johann Wolfgang Goethe

Pirschtage, 14.08. – 16.08.2023

Storchteich Bennewitz. Fischgrube nach dem Abfischen mit großen Mengen von kleinen Fischen. Das Gewässer wird zum Tischlein-deck-dich für Silberreiher, Schwarzstörche und Möwen.

Wetter: Hochsommerlich. Trocken. 30°C und mehr. Die Störche rasten mit offenem Schnabel auf den Bäumen und der trockenen Teichfläche.

Die Begegnungen mit den Schwarzstörchen (Fotos oben und links) im August zählen zu den ungewöhnlichsten und schönsten im Pirschjahr 2023. Es ist nicht meine erste mit ihnen. Wiederholt bekam ich einen Durchzügler zu Gesicht. Doch das Erlebnis, 21 von ihnen an einem Ort zu begegnen, hatte ich noch nie. Und sie in einem Teich namens Storchteich zu sehen, ist schon fast kurios zu nennen. In unserer Region brütet der Schwarzstorch an zwei bis drei Standorten. Er ist ein ganz Heimlicher, der im Walde an störungsfreien Stellen brütet. Gern wählt er alte Buchen für seinen Horst aus. Ja, selten ist er und nur mit Glück zu beobachten. Umso erfreulicher für mich, dass mir Schwarzstörche eine mehrtägige Audienz im Storchteich, einem der Bennewitzer Teiche, gewährten. Am ersten Tag stellte sich eine Familie mit einem Jungvogel vor, am zweiten zählte ich acht Altstörche, eine weitere Familie mit zwei Jungen folgte am nächsten Tage und zur letzten Audienz am 16.08.2023 erlebte ich den Höhepunkt. In der Fischgrube des Teiches bekam ich 21 Schwarzstörche zu sehen. Aber dieser Tag war nicht nur ein Storchentag. In meinem Tagebuch sind weitere bemerkenswerte Begegnungen festgehalten. 7 Uhr war ich vor Ort. Die Schwarzstörche saßen auf den abgestorbenen Erlen und Eichen. Ein Teil döste vor sich hin, andere unterzogen ihr schwarz-weißes Federkleid einer intensiven Pflege. Großartig ist das der Altvögel anzusehen: Metallischgrün glänzt es im Sonnenlicht. Dann flog der erste zur Fischgrube, ein zweiter folgte und bald standen alle 21 Schwarzstörche in der Grube, um ihr Fischfrühstück aufzunehmen. Der Teich war gerade abgelassen und abgefischt. Da aber die Fischgrube noch Wasser und große Mengen von kleinen Fischen enthielt, wurde sie zum Tischlein-deckdich für alle Fischjäger. Laut Fischmeister Thomas Plate sind es Karpfen und Giebel. Im Teich hatten sie im Frühjahr größere Karpfen eingesetzt, von denen einige ablaichten

und so für den reichen Fischsegen sorgten. Eine solche Fischquelle blieb natürlich nicht verborgen. Zu den schwarzen Vögeln gesellten sich die weißen: 32 Silberreiher (Foto oben) zählte ich. Begegneten sie sich, ergab dies wunderschöne Farbkontraste. Die Schwarzstörche jagten nicht aus dem Stand. Im Eilschritt, den Schnabel ständig durchs Wasser ziehend, wanderte ein Fisch nach dem anderen in ihrem Magen. Bald waren sie satt und so flogen sie auf den trocken liegenden Teich, um ihre Körperpflege fortzusetzen. Einige zogen es jedoch vor, wieder auf die Bäume zu fliegen.

Unser einheimischer Graureiher war nur vier Mal vertreten. Das Geschrei der etwa 20 Möwen war nicht zu überhören. Ich zählte auch zwölf Stockenten, die seihend hin und her schwammen. Plötzlich flog die gesamte Vogelschar auf und flüchtete auf den trockenen Teichabschnitt. Zunächst konnte ich keinen Grund dafür erkennen. Erst als ich mit dem Fernglas den Fischgrubenbereich absuchte, entdeckte ich die Ursache. Ein Seeadler (Foto rechts) hatte sich einen starken Ast einer toten Eiche zu einer Sitzwarte ausgewählt und schaute in die Fischgrube. Ich erkannte einen jungen Adler. Sein Schnabel war noch nicht ausgegilbt und der Schwanz wies nur wenige weiße Farbtöne auf. Er saß lange da oben, still, fast unbeweglich. Da nichts Bedrohliches passierte, kehrten die Reiher und Möwen zurück. Die Schwarzstörche sind vorsichtiger und scheuer. Ihre Lebenswelt ist der stille Wald mit seinen Gräben, Wiesen und Teichen. Den Menschen meidet der Schwarzstorch. Begegnet er ihm, ergreift er die Flucht. Auf ihre Rückkehr in die Grube wartete ich heute vergebens. In der Hoffnung, auch morgen ein gleiches Vogelerlebnis zu bekommen, verließ ich frohgemut den Storchteich. 8 Uhr war ich vor Ort. Aber ein Schwarzstorch war nicht zu entdecken. Sie sind weitergezogen. Schwarzstörche sind Langstreckenzieher. Ihr Ziel ist Afrika. Na dann, alles Gute und kehrt gesund zurück.

Pirschtag, 01.09.2023

Melpitzer Wiesen. Nur teilweise oder im Juli gemäht. Ein großer Bereich wurde nach dem zweiten Aufwuchs von Pferden und Schafen des Landwirtes Potzelt beweidet. Rückgang der Wiesenvögel. Keine Brut des Braunkehlchens, aber Schwarzkehlchen. Erstmals Brachvögel im Gebiet.

Wetter: Sonnenschön. Trocken. Der Durst der Pflanzen ist groß.

Meine zweite Begegnung mit dem Großen Brachvogel veranlasste mich noch einmal auf das Jahr 1993 zurückzublicken. Damals hörte ich das erste Mal seine einzigartigen Gesänge, seine melodische, fast wehmütige Stimme. Es bedarf Glück dazu, ihn als Durchzügler im August oder September zu beobachten. Ihm Auge in Auge zu begegnen, wird sicherlich für jeden Naturfreund zu einem unvergesslichen Vogelerlebnis werden. Imponierend ist schon seine Größe und ungewöhnlich sein langer Schnabel. Er ist unser größter Watvogel, der Huhngröße erreicht.

Im Brutvogelatlas von Sachsen aus dem Jahre 2014 ist er als ausgestorben festgehalten und doch zähle ich zu den wenigen »Auserwählten«, die ihn als Brutvogel erlebten. Dass der Große Brachvogel damals die Elbwiesen bei Werdau zu seinem Brutrevier auswählte, ist auf den Umstand zurückzuführen, dass zur Wendezeit das Grünland der Elbaue weniger intensiv bewirtschaftet wurde. Aber auch die Auenlandschaft mit ihren Kolks und der Alten Elbe entsprachen seinen Vorstellungen von einem guten Brutrevier. Als ich dann im Juni das Vogelpaar mit drei Jungen sah, war das Vogelereignis perfekt. Erstmals brütete ein Großer Brachvogel (Foto unten) in Sachsen! Er sollte jedoch bis heute der einzige bleiben. Um die Brachvogelfamilie ungestört zu erleben, war ich meist schon zur frühen Morgenstunde vor Ort, wenn sich die Sonne als roter Feuerball am Horizont erhebt, der Tau die Spinnennetze mit Perlen bestückt und die ersten Lerchen mit ihren Liedern in den Himmel steigen. Das ist auch die Zeit der Brachvögel, um den beginnenden Tag zu begrüßen. Sein Gutmorgengruß ist für uns ungewöhnlich, ja einzigartig. Klangvoll und wohlklingend ist seine Stimme. Ich lausche Flötentönen, die weit durch die Aue schallen. Höre ich sie nicht, fehlt dem Ort die Fröhlichkeit. Das Männchen begann den Tag mit weiten Kreisen über die Wiese, mit einem Trillern für das hudernde Weibchen. Im Gleitflug, mit ausgebreiteten Flügeln, ließ er sich bei seinem Nachwuchs nieder. Jetzt beginnt für die Eltern eine anstrengende Zeit. Als Nestflüchter sind sie ständig nach Futter unterwegs. Krähen und Greifvögel bedrohen ihr Leben. Keine Sekunde darf der Nachwuchs unbeaufsichtigt sein. Trotz ihres unermüdlichen Einsatzes erreichte nur ein Jungvogel das Erwachsenenalter.

Meine Begegnung am 01.09.2023 kann ich auch nur als einen Glücksfall bezeichnen, denn die Brachvögel konnten ja nur deshalb in der riesigen Melpitzer Wiesenlandschaft beobachtet werden, weil sie äsend in der Nähe des Koppelweges unterwegs waren. Natürlich sind sie keine Brutvögel, sondern Durchzügler, die auf dem Wege nach Afrika oder Südasien unterwegs sind. Manche überwintern aber auch in Mitteleuropa. Drei Brachvögel durchschritten die Graswiese, die nach dem zweiten Aufwuchs reich mit den Fruchtständern des Sauerampfers bewachsen ist. Da sie jedoch weniger scheu waren, gelang eine Vielzahl von Aufnahmen. Allerdings hatten sie es ständig eilig beim Ablaufen der Wiese nach Nahrung. Immer wieder bohrten sie ihren langen, nach unten gebogenem Schnabel in den Wiesengrund, um irgendwelche Insekten oder deren Larven zu bekommen. Ich entdeckte aber auch, dass Heuschrecken auf ihrem Speiseplan stehen. Die hier jagenden Turmfalken machten sich einen Spaß, wiederholt die Brachvögel zu ärgern, indem sie diese attackierten. Doch bedrohlich wurden diese Aktionen nicht. Interessiert an den Brachvögeln zeigten sich auch die weidenden Pferde. Sie schauten bewusst nach ihnen und liefen diesen sogar einige Meter entgegen, als sie in ihre Nähe kamen. Drei Stunden währte die Audienz dieser schönen und seltenen Vögel für mich. Ob ich sie im nächsten Jahr wiedersehen werde?

Für die Melpitzer Wiesen und bei den Brachvögeln ziehen dunkle Wolken auf, wenn das Vorhaben verwirklicht wird, Teile der Wiesen und des Ackerlandes mit Photovoltaikanlagen zuzudecken. Die Firma Naturstrom bemüht sich gegenwärtig im Gebiet Flächen dafür zu erwerben. Sollte das Wiesengebiet dafür genutzt werden, wäre das für mich ein ganz schlimmer Naturfrevel. Ich kenne in der Torgauer Region keine Wiesenlandschaft, die eine solche artenreiche Flora aufweist, wo noch so viele Feldlerchen singen und die Zahl der seltenen Ameisenbläulinge so groß ist. Hier entdeckte ich die Grabwespe Sphex rufocictus, die in der Roten Liste Sachsens als ausgestorben eingeschätzt ist. Über 30 Jahre betreue ich das Gebiet und glaube dessen Flora sowie Fauna gut zu kennen. Das Gebot kann deshalb nur lauten: Bewahren und Schützen dieses Naturkleinodes.

Pirschtag, 11.10.2023

Garten der Familie Wallburg. Hier wachsen Pilze des Gewimperten Erdsterns.

Wetter: Der Herbst zögert und lässt dem Sommer den Vortritt. 27°C. Trocken. Der Wind weht frisch, mit Böen.

Bei einem Kontrollgang durch ihren großen Garten mit viel Grün, Sträuchern sowie Nadel- und Obstbäumen staunte Familie Wallburg aus Torgau nicht schlecht über weiße Pilzsterne unter einer Baumgruppe. Als sie in der Fachliteratur nachschauten, konnten sie den schönen Pilz als Gewimperten Erdstern bestimmen. Dieser Fund ist ungewöhnlich und war für sie Anlass, mich zu informieren. Vor Ort konnte ich mich dann auch ihrer Bestimmung anschließen. Dieser Pilz führt zu Beginn seines Lebens ein verborgenes, unterirdisches Dasein als eine Kugel. Ist diese voll entwickelt, platzt sie an der Spitze auf. Die äußere Schale zerreißt in sechs bis acht Lappen, sodass ein sternförmiges Gebilde entsteht. Bei diesem Vorgang wird eine innere Kugel freigesetzt, in der sich die Sporen des Erdsterns befinden. Die Aussage »gewimpert« bezieht sich auf die haarartigen Fortsätze an den Lappen. Dieser Pilz ist die häufigste Art von weiteren 20 in Mitteleuropa und doch gehört Glück dazu, ihn im Walde oder gar im Garten zu entdecken.

Pirschtag, 23.10.2023

Brandteich Dübener Heide bei Trossin. Besetztes Biberrevier. Futterstelle für den Eisvogel. Eichenrecken.

Wetter: Herbstschöner Tag. Überwiegend Sonne. 17°C. Der Wind macht heute ein Nickerchen.

Über ein Jahr ist es her, dass ich nicht vor Ort war – am Brandteich, einem kleinen Waldteich hinter Trossin. Als ich diesen 1993 erstmals mit seinem Umfeld kennenlernte, dem Laubholzgehölz am Koboldgraben, wo Weißbuchen zu ungewöhnlichen Baumfiguren herangewachsen sind, ich Eichenriesen auf dem 80 Meter langen Dammweg entdeckte – jauchzte ich vor Freude. Sollte doch dieses einzigartige Gebiet Eigentum des NABU werden. Die Einheimischen nennen den Graben Koboldgraben – eine Bezeichnung, die ich nachvollziehen kann, denn wild und traumhaft schön ist hier die Natur.

Heute ist es mein Ziel, das Vorkommen der Biber zu ermitteln, die hier schon gut 30 Jahre zu den Tieren des Teiches und der Gräben gehören. Erfreulich: Das Revier ist aktuell besetzt. Der Wohnbau in der Wegböschung ist mit frischem Schlamm bedeckt und vor dem Ständer des Zuflussgrabens haben die Biber einen etwa 20 Meter langen Staudamm errichtet. Überrascht hat mich der Tatbestand, dass keine geschälten Äste oder Baumfällungen zu sehen waren. Wollen sie unentdeckt bleiben?

Die Lockungen des Herbsttages, mit Aussicht, ein Gebiet und eine Natur zu erleben, die zu der schönsten in unserer Region zählt, wurden zu Stunden mit unvergesslichen Eindrücken. Der Teich ist ein Ort zum Träumen. Hier wird die Stille zum Freund, der mir zuhört und Zeit für mich hat. Er winkt mir zu und fordert mich auf zum Bleiben. Wer sich ihm anvertraut, wird fröhlich scheiden. Der Teichdammweg hat von seiner einzigartigen Schönheit seit meiner ersten Begegnung nichts eingebüßt. Hier wachsen 300-jährige Eichen von knorriger Gestalt mit baumstarken, zackigen Ästen. Es sind Baumrecken, die uns Kraft und Stärke vermitteln. Einige sind mehrstämmig, deren Äste bis zum Wasser des Teiches reichen. Ich nehme die Stieleichen als die Herrscher der Teichlandschaft wahr. Sie nehmen mich ein. Veranlassen mich zum Verweilen: Lange! Der erhöhte Ablassständer wurde meine Bank und so fühlte ich mich für zwei Stunden als Teil des Naturstandortes, mit den Stimmen der Stille, dem Flüstern der Blätter, den fröhlichen Rufen der Kleiber. Hin und wieder fielen Eicheln herab und verstärkten die Heimlichkeit mit einem kurzen plätschernden Laut.

Am Ufer lagen Fallbäume, die wie schwarze Riesenschlangen zu ruhen schienen und vom Werden und Vergehen erzählen. Hell, mit hohen Tönen klingt die Stimme des Eisvogels, der einen Ast als Sitzwarte aufsucht. Es scheint ein Märchenvogel zu sein. Im blau schimmernden Zauberkleid verharrt er wie ein Vogel aus einer anderen Welt. Ich sehe ihn kurz verschwinden. Mit einem Fisch kehrt er zurück.

Der Brandteich hat wie alle Teiche des NABU viel Wasser verloren. Nur noch halb gefüllt ist er. Ein Abfischen erfolgt nicht. Er ist ein Gewässer für die Natur. Zur Sicherung eines normalen Wasserstandes müsste der Staudamm der Biber kurzzeitig geöffnet werden.

Ich will bald wieder vor Ort sein. Wenn die Eichenblätter gelbbraun gefärbt, sie geschmückt zu ihrem Abschied sind, will ich mich an ihrer Herbstschönheit erfreuen. Dann kann ich durch das raschelnde Laub laufen und dessen herben Geruch einatmen.

Der Winter will mich grüßen

Der Winter will mich grüßen
mit kaltem Händedruck.
Über Eiskristalle seh ich
den Bache fließen.
Aus Eislöchern seine Stimme gluckst.

Des Winters Stille wird zum Zauber
fliegt der Eisvogel ein.
Einen blauschimmernden Diamant
ich schaute.
Einen fliegenden Edelstein.

Fröhlich rauscht des Baches Lied,
begleitet von des Vogels hellem Ruf.
Ach, warum er schon weiter fliegt.
Ein blauer Pfeil stürzt sich in die Flut.

Pirschtage, 25.11. und 26.11.2023

Glacis Torgau. Verabschiedung des Herbstes und Begrüßung des Winters. Es regnet Eiskristalle und es tanzen die Blätter. Weihnachtliche Stimmung.

Wetter: Unbeständig. Wechsel von Wolken und Sonne. Niederschläge als Regen und Schnee. Der Winter hält Einzug.

Jetzt, Mitte November, ist der Laubbaum-Park der Stadt Torgau, das Glacis, noch immer bunt gefärbt vom Herbst. Sicherlich hat auch der zweitwärmste Herbst aller Zeiten mit 11,5°C Durchschnittstemperatur dazu beigetragen. Durchkämmen die Sonnenstrahlen die Bäume, wird mancher von ihnen zu einem aufleuchtenden Lampion. Eine mächtige Rotbuche, dicht belaubt, hat auf die hochsteigende Sonne gewartet, auf deren Berührung, damit ihre goldbraunen Blätter zu glänzenden Rubinen werden.

Die fallenden Temperaturen sind die Vorboten des Winters. Der Herbst muss sich jetzt endgültig verabschieden. Der Oktober und der November waren regenreich. 94 mm Niederschlag im zehnten Monat und 60 mm im elften. Werden die kommenden Tage zu Schneetagen? Der 25. November brachte die ersten Schneeschauer, deren Weiß jedoch noch am selben Tag verschwand. Die folgende Nacht blieb unter 0°C und ließ den Schnee als Puderzucker zurück, für mich der Anlass zu einer Winterwanderung. Ich war neugierig auf die Begegnung von Winter und Herbst, auf die Kontraste Weiß mit Gelb, Braun, Grün und Rot. Ich erlebte eine begeisternde Natur. Doch ihre Farbkontraste sowie das Wintererlebnis sollten durch den Schneefall am nächsten Tag noch verstärkt werden. Ich bekam ein märchenschönes Glacis zu sehen, den Herbst bei seiner Abschiedsvorstellung. Blatt und Ast erhielten dicke, weiße Aufkleber. Frostgrade von –4°C lösen die Blätter. Ich sah Linden, Ahorn, Buchen, Eichen und Eschen, zu deren Füßen sich ein breiter Blätterkranz ausbreitete. Ich bleibe stehen und schaue dem Sturz oder dem Tanz der Blätter zu. Die der Eschen stürzen senkrecht herab, die vom Ahorn werden zu Tänzern, die kreisend zur Erde niedergehen. Den Fall der Lindenblätter

sah ich als grünen Regen, schwebend, drehend und sich überschlagend. Das Grün ihrer Blätter erscheint mir wie ein vergessener Gruß des Sommers. Der gelbblättrige Ahorn ist zahlreicher als alle anderen Bäume. Überall hat er Wurzeln geschlagen und bildet dichte Gehölzabschnitte. Die Bäume werden jedoch nicht nur wegen des bunten Laubes zu auffallenden Farbkontrasten, denn auch ihre Stämme sind als schwarze Säulen an der winterlichen Schönheit beteiligt.

Wind kommt auf, sacht und fast zaghaft. Er liebt aber die Bewegung, das Spielen mit den Blättern und so treibt er manchmal kleine Böen in die Gehölze, die den Schnee von den Bäumen lösen. Ich sehe kristalline Wolken herabfallen, zunächst noch einzeln, doch dann entsteht mit der Zunahme des Windes ein dichter Regen leuchtender Eiskristalle im Gegenlicht der Sonne. Das gesamte Gehölz funkelt, als würden darin tausende Lichter strahlen. Ist hier der Ort, wo sich die Weihnachtsmänner treffen und die Bescherung der Kinder vorbereiten? Ich erlebe einen der schönsten Momente des Tages. Als ich die Fotos betrachtete, sah eine der Eiskristall-Wolken wie ein Geysir aus, der aus der Erde emporsteigt: Geheimnisvoll, wie aus tausendundeiner Nacht erlebte ich diesen Augenblick.

Zu sehen waren aber auch Orte mit weihnachtlicher Stimmung. Ich sah einen mit Schnee geschmückten Nadelbaum. Die Wolken haben den Schnee so dick aufgetragen, dass sich seine Äste zur Erde neigen. Im Hintergrund ragen hohe, kahle Bäume in den Himmel, auf denen sich der Efeu bis zu den Kronen rankt. Junger Ahorn, noch ganz im Blättergelb, drängelt sich bis zum Nadelbaum vor. Damit wird dieser Ort zum Abschied des Herbstes und zu einer Ankunft des Winters.

Pirschtage, Dezember 2023

Auf Feld und Wiese steht das Wasser. Die Bennewitzer Teiche füllen sich. Die Elbe erlebt eine Hochwassersituation.

Wetter: 12 Tage des Dezembers sind Regentage. An manchen Tagen schauert es ununterbrochen. Am 23.12. fallen riesige Flocken Schnee vom Himmel, die jedoch nur für Stunden eine Schneedecke bilden. Der 24.12. ist mit fast 30 mm der regenreichste Tag im Monat. In meinem Niederschlags-Nachweisbuch sind insgesamt 105 mm Niederschlag festgehalten. Normal ist eine Menge von 45 mm. Am 29.12. werden am Torgauer Elbe-Pegel 6,43 m Wasser gemessen. Der Grundwasserstand ist wieder normal.

27.12.2023

Mit Morgenrot steht der Tag auf. Frohgemut steige ich in das Auto und fahre zur Flusselbe. Am Brückenkopf parke ich. Dies ist ein guter Beobachtungs- und Fotografierstandpunkt. Ich bin nicht allein. Schaulustige laufen auf der Lindenstraße mit dem Blick zur Elbe entlang. Als die Lindenallee mit ihren über 200 Jahren alten Linden elf Meter lange Spundwände erhielt, bekam sie einen starken Kronenschnitt. Aus breit ausladenden Bäumen wurden schlanke Pyramidenlinden. Doch wider Erwarten haben sie die Prozedur gut überlebt. Keine ist nach den Eingriffen eingegangen oder kränkelt. Schloss und Stadtkirche liegen im Sonnenschein am gegenüberliegenden Ufer. Das Schloss, freistehend, weithin sichtbar, wirft weiße Schatten in den Fluss. Graublau glänzend fließt das Wasser dahin. Die aus rotbraunen Ziegelsteinen erbaute Elbmauer verhilft diesem Flussabschnitt, von der Sonne reflektiert, zu einem rötlich metallischen Schimmer. Mal ist dieser mehr, mal weniger sichtbar. Geschuldet ist dies der Fließart der Elbe. Ihre Wasseroberfläche befindet sich im ständigen Wandel. Raue und strukturierte Abschnitte wechseln mit glatten ab, die oft als kleine sowie große Kreise in Erscheinung treten. Vielleicht entstehen sie auf die Weise, dass an bestimmten Stellen Wasser nach oben gedrückt wird. Die Kreise sind die Spiegelflächen der Elbe, die zu glänzenden Kontrastbildern werden.

Einen mächtigen Baumtorso hat das Hochwasser bis hierher getragen. Zuvor hielt ihn ein Brückenpfeiler fest. Blauäugige Dohlen vom Schloss besetzen ihn und suchen diesen nach Nahrung ab. Zwei Graureiher laufen am Ufer entlang. Sie stochern in dem Schwemmgut nach Fressbarem. Ich sehe ein ungewöhnlich schönes Flussgemälde der Elbe.

31.12.2023
Ein Blick aus dem Fenster verheißt Sonne und Wolken. Das sind Bedingungen zum Fotografieren, für Aufnahmen von Landschaften. Die Hochwasserlandschaft der Elbe ist das Ziel an diesem Pirschtag. Im Osten erhebt sich die Sonne und so warte ich auf der Elbbrücke, bis sich die Wolken dazu gesellen. Das Wasser des Flusses fällt. Immer mehr Wieseninseln entstehen. Das Mittlere Hochwasser ist ein Segen für die Auenlandschaft. Endlich erhalten die »Alten Elben« und Kolks wieder Wasser und werden als Feuchtgebiete zu Lebensspendern für Lurche und Biber. Ich freue mich für das fast ausgetrocknete Naturschutzgebiet Prudel Döhlen.

Überflutet sind gegenwärtig auch die Alte Elbe und die Kolks bei Werdau, ein landschaftlich schönes Gebiet mit einer artenreichen Gehölzstruktur. Vor allem alte Weiden prägen die Landschaft. Neuanpflanzungen von Kopfweiden, Schwarzpappeln, Ulmen und Stieleichen in den letzten Jahren durch die Fachgruppe Biberschutz und den BUND sichern den Erhalt der Baumstruktur.

Einzigartig ist hier der Blick vom Elbdeich Werdau in die unbebaute Auenlandschaft. Soweit man schaut: kein Haus, kein Windrad bis zum Horizont – grüne Landschaft pur. Die Pferdekoppeln des Gestütes Graditz zählen zu den prächtigsten Florawiesen der Auenregion.

Ich höre das Geschrei der einfliegenden Wildgänse. Bläss-, Saat- und Graugänse sind es, die zur Äsung und Rast die Wieseninseln aufsuchen. Begrüßt werden sie von singenden Pfeifenten.

Der Große Teich Torgau erlebt die größten Eingriffe in seiner 540-jährigen Geschichte

Am 19.10.2023 hatte die Landestalsperrenverwaltung zu ihrem dritten Abstimmungstermin zur Herstellung der Hochwassersicherheit des Großen Teiches Torgau den NABU und BUND in den Biberhof eingeladen. Damit waren die Teilnehmer gewissermaßen vor Ort des Geschehens. Der Große Teich Torgau wird Eingriffe erleben, die zu den größten in seiner 540-jährigen Geschichte zählen.

Der Teich hat das Pech, einen Stauraum von 2,5 Millionen Kubikmetern Wasser zu besitzen. Damit wird er zur Talsperre der Klasse 1 nach DIN 19700. Diese Zuordnung geschieht also ganz automatisch ohne Berücksichtigung, dass das Gewässer ein Naturteich mit einer reichen Fauna und Flora ist. Für die Natur und die Landschaft des Teiches wäre es sicherlich das Beste, diese Regelung nicht anzuwenden und der Natur das Vorrecht zu gestatten – so die Naturschützer von NABU und BUND. Die Einstufung als Talsperre der Klasse 1 bedeutet: Die Hochwassersicherheit hat Priorität vor allen Nutzungen und Ansprüchen.

Geplant sind eine Vielzahl von baulichen Maßnahmen, auch dadurch begründet, dass die vorhandenen Bauwerke stark gealtert sind. In einem schlechten Zustand befindet sich das Große Verteilerbauwerk (Gr. VTBW). Deshalb wird es vollständig erneuert. Das Kleine Verteilerbauwerk (vor Entenfang) wird abgerissen. Über dieses erhielt bisher der Teich sein Wasser. Also nicht das Wasser des Schwarzen Grabens füllte ihn, sondern das der Roten Furt. Der Ersatz wird als ein Drosselbauwerk am Nordumfluter entstehen. Ein weiterer Neubau wird als Drosselbauwerk »Südumfluter« am Ellergraben errichtet (Pfückuff). Die sogenannte Wolfsflut, die der Grundablass des Gewässers ist, wird ebenso erneuert wie die Mühlenflut. Letztere soll abgerissen und zum Betriebsauslass-Bauwerk umgebaut werden. Bisher wurde die Mühlenflut für ein zusätzliches Ablassen bzw. bei Hochwasser genutzt. Zu den Maßnahmen zählt auch die Offenlegung des verrohrten Umfluters im Strandbadgebiet.

Die wohl gravierendsten Eingriffe sind mit der Ertüchtigung und Verlängerung des Absperrdammes verbunden. Als Absperrdamm bezeichnen die Fachleute den Teichdammweg. Für mich ist dieser Eichenhohlweg eine Naturschönheit, der rechts und links mit Heckenrosen, Weißdorn, Pfaffenhütchen und Wildkirsche bewachsen ist, wo die Kronen der Eichen ein Blätterdach bilden. Blühen die Sträucher im Frühling, bekommen die Stieleichen ihr helles goldgelbes Grün, hängen ihre vielblütigen Kätzchen von den Zweigen herab, singen Amsel, Nachtigall, Buchfink oder Star – dann ist der Teichdammweg ein Weg der Spaziergänger. Damit stellt sich für alle, die den Großen Teich lieben, die bange Frage: Wie brutal werden die Ertüchtigungsmaßnahmen sein? Zu diesen ge-

hören das Einbringen von Stahlspundwänden, die durch eine hydraulische Presse in den Damm hineingepresst werden. Für die Arbeit der Presse ist ein Kronenschnitt erforderlich und es wird mancher Baum weichen müssen. Als zusätzliche Maßnahmen zum Erhalt der Bäume soll es eine Vorschachtung und Wurzelbehandlung sowie eine lokale

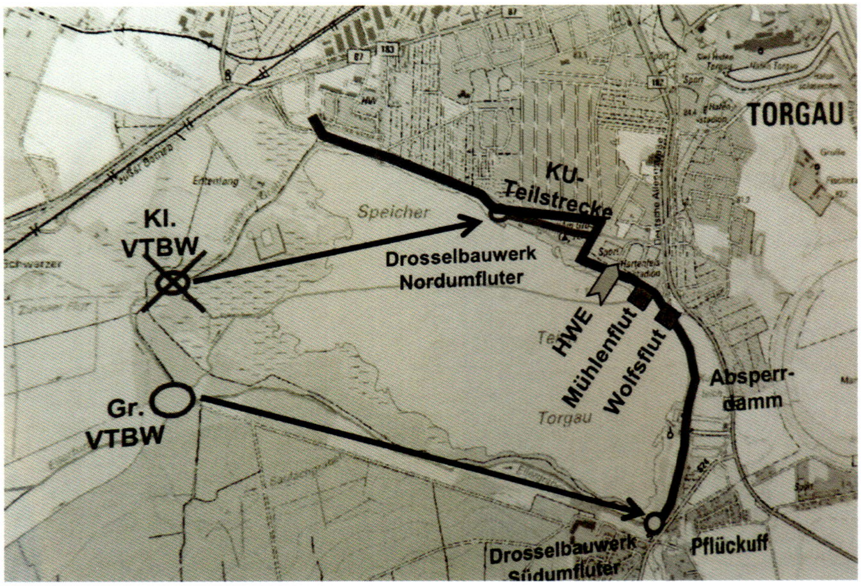

Anpassung der Spundwandtrasse geben. Auch die Verlängerung des Absperrdammes bedeutet ein Eingreifen in Bereiche unberührter Natur. Laut Plan beginnt er ab der Brücke des Ellergrabens und endet am Tunierplatzweg oberhalb des Entenfanges. Gerade der Wegabschnitt am Sportplatz entlang ist im wahrsten Sinne des Wortes eichenschön, stehen doch hier die mächtigsten Stieleichen des Großen Teiches.

Zu einem ernsten nachteiligen Problem kann aus meiner Sicht der Wegfall des Kleinen Verteilerbauwerkes für die Melpitzer Wiesen werden. Mit diesem wird nicht nur der Teich zugelassen, sondern auch die Zinnaer Flut (Rote Furt) angestaut, die einen Teil der Wiesen mit Wasser versorgt. In den Planungsunterlagen werden zwei Vernässungsmaßnahmen für die Melpitzer Wiesen erwähnt, doch ihre Wirksamkeit scheint mir nicht gesichert zu sein.

Die Melpitzer Wiesen habe ich in den zurückliegenden Jahren wiederholt in der Torgauer Zeitung als ein floristisches Kleinod nachgewiesen, dessen Artenreichtum einzigartig ist. Sollten sich die Wasserverhältnisse zu dessen Nachteil entwickeln, die Pflanzenvielfalt verschwinden, wäre das eine Katastrophe. Ziel müsste es sein, durch entsprechende Regulierungseinrichtungen, die Grundwasserverhältnisse der Wiese zu steuern.

Die Einbeziehung der ortskundigen Naturschützer von NABU und BUND für das Projekt »Herstellung der Hochwassersicherheit des Großen Teiches Torgau« ist zu begrüßen und findet die volle Zustimmung. Nach den bisherigen Beratungen kann gesagt werden, dass sich die verantwortlichen Bearbeiter des Projektes bemühen, die Eingriffe gering zu halten und die Belange des Naturschutzes zu berücksichtigen. Die Bauzeit von vier Jahren kann jedoch nicht im Interesse des Schutzes der Tierwelt und der Torgauer Naturfreunde sein, für die der Teich ein wichtiger Ort der Naherholung ist. Der Baubeginn wird in vier bis fünf Jahren erfolgen, also um 2030.

Meine Pirschtage von Februar bis Mai 2024 im Biberrevier Kalter Bach mit seinen zwei Biberfamilien

Die ersten Nachweise der Biberansiedlung am Kalten Bach gehen auf das Jahr 1998 zurück. Beide Reviere sind unterschiedlich strukturiert. Die Biber am Schwertweg leben im Wald, die im Eiserkuth beanspruchen die Wiesen und kleine Gehölze. Ihre heimlichen, in der Nacht errichteten Bauwerke zur Regulierung des Wassers blieben natürlich nicht verborgen und führten wiederholt zu Überflutung von Wiese, Wald und Waldweg. Notwendige Eingriffe erfolgten durch Reduzierung der Dämme sowie von Stauwehren, die für das Revier bedeutungslos sind. Es sind besonders die Aktivitäten der Biber 2023 und 2024, die mich veranlassten, ihre Tätigkeit zur Schaffung und Sicherung der Feuchtbiotope festzuhalten. Meine Beobachtungen im Revier Eiserkuth zählen zu den interessantesten im Jahr 2024.

Wetter: Die Niederschläge erreichten im April 27 mm. Damit liegen sie unter dem Jahresdurchschnitt, der mit 48 mm festgehalten ist. Nachtfröste gab es nicht. Der Mai verlief im Lande turbulent, ja extrem mit Starkregen und zum Teil großen Schäden. Bis zum 23.05. war er in der Torgauer Region relativ trocken. 11 mm ermittelte ich im Regenmesser. Erst am 24.05. regnete es mit 15 mm erstmals ergiebiger. In der Nacht vom 22.05. zum 23.05. wurden bis zu –8°C gemessen, die zu großen Frostschäden führten. Totale Ausfälle gibt es bei Wein und Äpfeln. Den Robinien und Eichen sind die Blüten erfroren.

1. Februar
Die Biber verstärken den Damm vor der Brücke und erhöhen ihn um etwa 20 cm. Die verbauten Äste haben teilweise eine Länge von 2,30 m. Darüber kann ich nur staunen, wie sie es fertiggebracht haben, diese schweren Hölzer quer in den Damm einzubauen. Sie sind großartige Baumeister beim Errichten von Wasserbauwerken.

4. Februar
Die Wiese links vom Graben wurde bereits beträchtlich überflutet. Es entstand ein Feuchtbiotop. Hier ist auch ein Entwässerungsgraben vorhanden. Der Damm wurde weiter erhöht, was ebenfalls für den Wohnbau der Biber zutrifft.

14. Februar
Bin am Nachmittag vor Ort. Das Auto ist mein Ansitz an der Brücke. Über dem Gebiet kreist ein Roter Milan. Meine lange Beobachtung wird belohnt. Erstmals bekomme ich einen Biber zu sehen. Für einige Aufnahmen reicht sein Auftauchen.

28. Februar
Die Biber bauen ihre Wohnstätte weiter in die Höhe. Sie ist steil wie ein Berg. Um die Äste hinaufzutragen, müssen sie Bergsteigerfähigkeiten entwickeln. Der Anstieg des Wassers im Graben ließ zugleich ihr Lager nass werden. Um es trockenzulegen, mussten sie auch dieses aufstocken.

2. März
Das Feuchtgebiet ist großflächig überflutet. Im hinteren Wiesenabschnitt, nahe am Wald, äsen zwei Kraniche. Ich hoffe, dass sie im Gebiet brüten werden. Nahm noch keine Reduzierung des Biberdammes vor, da morgen im zweiten Revier des Kalten Baches der Waldweg eine Schotterdecke erhalten soll. Mit dieser Maßnahme verschwindet auch die Wegsenke, die immer wieder durch die Biber überflutet wurde. Erhielt vom Landwirt der Wiese die Mahnung, dass er die Wiese für die Heugewinnung nutzen will.

24. März
In der Nacht fielen 10 mm Regen. Ich sehe einen See vor mir liegen. Mein Ansitz ist wieder das Auto an der Brücke, unweit vom Wohnbau der Biber. Ich zähle 22 Graugänse, vier Blässhühner, sieben Stockenten, vier Löffelenten, drei Silber- und vier Graureiher, fünf Kiebitze, ein Schwanenpaar. Frohe Botschaft: Die Kraniche brüten. Ich bekomme ein kurzes Froschkonzert zu hören und das Flötenlied des Pirols, der im Kronendach der Laubbäume sein geheimnisvolles Leben führt. Von den Limikolen sind Grünschenkel, Waldwasserläufer und Flussuferläufer unterwegs.

27. April
Bis zum 27. April kontrolliere ich mehrmals in der Woche das Feuchtgebiet und die Kraniche. Entdecke vier Nilgänse, die wiederholt auf dem Dach des Hochstandes rasten. Beide Kraniche stehen in der Nähe ihres Nestes und laufen hin und her. Dem Verhalten nach führen und füttern sie den Nachwuchs. Jetzt ist es auch Zeit, das Wasser im Feuchtgebiet zu reduzieren.

30. April
Erlebe einen frohen Moment. Sehe erstmals zwei Kranichküken. Das Elternpaar hat den Wiesenstreifen am Wald ausgewählt. Trotz der großen Entfernung von 70–100 m gelingen gute Aufnahmen. Nach der Dammreduzierung entstanden größere Schlammflächen, auf denen Kiebitze, Grünschenkel, Waldwasserläufer und Flussuferläufer (Foto links oben) äsen.

2. Mai
Beim Entlangwandern der Kranichfamilie auf dem Wiesenstreifen bekomme ich einzigartige Vogelsituationen zu sehen. So treffen einander Graureiher, eine Grauganschfamilie mit vier Gösseln sowie die Kranichfamilie mit ihrem Nachwuchs. Überrascht hat mich die Reaktion der Kraniche bei ihrer Begegnung mit den Nilgänsen (Foto links unten), die sie heftig attaktierten und vertrieben (Foto unten).

5. Mai

Heute ist die Zahl der Futtergäste im Feuchtgebiet besonders groß. Es liegt wohl an der Vergrößerung der Nahrungsfläche nach der Wasserreduzierung. Ich zähle elf Silberreiher (Foto oben), sechs Graureiher, 31 Graugänse, die bekannten Limikolen, etwa 20 Stockenten, vier Blässhühner, zwei Löffelenten sowie sechs Rabenkrähen. Die Reiher fingen Frösche und deren Nachwuchs sowie kleine Fische, die ich als Stichlinge bestimmen konnte. Als ein kurzer kräftiger Regenschauer niederging, verschwanden die Kranichküken unter dem Gefieder der Eltern (Foto rechts).

6. Mai

Ich bin seit 7 Uhr vor Ort. Die Kranichfamilie wandert auf gewohntem Pfad. Ein Reh lässt sich im Feuchtgebiet nieder. Es scheint hochtragend zu sein. Will es hier sein Kitz zur Welt bringen? Plötzlich stellen sich die Kraniche auf, recken ihre Hälse und rufen laut. Es ist ihre Antwort auf den vorüberfliegenden kleinen Kranichzug (Foto unten).

8. Mai
Dieser Tag sollte meine letzte Audienz mit den Kranichen werden. Ich seh sie im hinteren Abschnitt des Wiesenstreifens und in den lichten Wald verschwinden. Zwei Stunden warte ich auf ihre Rückkehr. Vergebens! Auch Tage später kann ich sie nicht entdecken. Ich sollte jedoch noch einen Anlass zur Freude erhalten: Ein Eisvogel ließ sich rufend auf einem hoch stehenden Ast des Staudammes der Biber nieder. Es ist die erste Begegnung in diesem Jahr mit dem fliegenden Edelstein. Endlich! Er toleriert mich im Auto, obwohl der Sichtkontakt zu mir nur 25 m beträgt. Der Abschnitt zwischen Brücke und Staudamm ist frei von der Wasserlinse und bietet damit gute Jagdbedingungen. Hier ist ein großes Wasserbecken entstanden, in welchem Taumelkäfer, Rückenschwimmer und verschiedene Wasserkäfer leben. Zahlreich sind hier die Stichlinge. Ich erkenne den Dreistachligen und den Zwergstichling, für die sich natürlich der Eisvogel interessiert. Aufmerksam schaut er in das Wasser. Er wechselt den Ansitz und dann stürzt er sich hinein. Mit einem Fisch taucht er auf, den er mit dem Aufschlagen auf den Ast betäubt, vielleicht auch schon tötet. Es ist ein Neunstachliger, der quer im Schnabel liegt. Aber er muss ihn mit dem Kopf herunterschlucken, sonst werden die Stacheln zu einer Verletzungsgefahr. Deshalb jongliert er den Fisch hin und her, bis er ihn in die richtige Lage bekommt. Noch für eine gute halbe Stunde bekam ich das Eisvogelerlebnis zu sehen. Es versetzte mich den ganzen Tag in eine frohe Stimmung.

Jetzt freue ich mich auf den Bibernachwuchs. Hier im Biberrevier Eiserkuth oder im Gebiet des Schwertweges. Meister Bockert sind beide Feuchtgebiete zu verdanken – Lebensräume einzigartig und artenreich!

Pirschtag, 28.05.2024 Pirsch bei Sonnenaufgang mit Lerchengesang. Die Melpitzer Wiese gibt ein Blütenfest.

Wettter: Der Vormittag ist regenfrei. Regenwolken warten auf ihren Einsatz am Nachmittag. Ich bitte darum.

Der heutige Pirschtag beginnt für mich mit Sonnenaufgang und mit der ersten aufsteigenden Lerche. Ich wollte ihr Lied zur Morgenstunde hören, ihren Jubelgesang. Er ist wie ein Gebet aus dem Himmel für uns Menschen, Böses zu meiden und Frieden zu stiften, sagte mir einmal ein Teilnehmer bei einer Exkursion. Es ist gerade der Lerchengesang, der mich immer wieder zu den Melpitzer Wiesen lockt, wo er noch mehrstimmig vorgetragen und sein Lied zur Leiter in den Himmel wird. Ich nehme mir Zeit und warte auf das Gesangsende der Lerche und sehe sie nach dem fast zweimütigen Jubeln erschöpft zur Erde taumeln. Was für eine Faszination geht von ihrem Lied aus. Singend steigt sie in den Himmel. Dies mit einer Melodie: Lebensfreude pur. Wer es hört, kann für den ganzen Tag Frohsinn tanken.

Die Melpitzer Wiesen sind ein Blumenland mit einer Vielfalt an Pflanzen und Farben, das zu den besten in unserer Region zählt. Heute erlebe ich es bunt wie ein Regenbogen und nach Honig duftend vom Labkraut. Im Mai hat es immer wieder Regen geschauert und so kann ich an dem schönen Blütenfest teilnehmen. Meine Wiese kenne ich seit Jahrzehnten und weiß, wo ihre prächtigsten Blumenbeete wachsen, wo Gebinde prangen, die schön sind, als hätte sie ein Gärtner ausgewählt und gebunden. Ich schau umher und sehe überall das Werk des Wiesengärtners: Sträuße – einer schöner als der andere. Einer scheint mir zuzuwinken mit Glockenblumen, Labkraut, Wiesensilau, Tausendgüldenkraut sowie Wiesenflocken-Blumen. Danke, Wiese! Deine Blumen waren und werden auch künftig Anlass sein, dir zu huldigen.

Ich hüll mich ein

Ich hüll mich ein in Blumenmatten.
Mit ihrem Duft schlaf ich ein.
Das Morgenrot will ich erwarten
und des Tages hellen Schein.
Vogellieder werden mich begleiten,
schreite ich durchs grüne Land.
Schmetterlinge tanzen in frohen Reigen
für mich zum fröhlichen Tanz.
Vom Wandern bin ich müd geworden,
nun sehn ich mich nach Ruh.
Die Nacht kann nicht mehr warten,
mit Träumen deckt sie mich zu.

Stell ich mir die Frage:
Wo blüht die schönste Wiese im Land?

Dazu antworte ich:
Sie ist mir am Großen Teich Torgau bekannt.

Pirschtag, 24.08.2024 Bennewitzer Teiche. Wildschweinrotte. Sonnenschutz für einen Schwan. Kiebitze. Eisvogel. Der Storchteich ist Sammelrastort der Graugänse.

Wetter: Hochsommerlich. 32°C. Die Regenwolken ziehen an uns vorbei. Der prächtig gewachsene Mais dürstet.

In den letzten Wochen waren die Bennewitzer Teiche mein bevorzugtes Pirschziel. Es ist die Nähe zu Torgau, die gute Einsicht in das Teichgebiet – die Teiche sind von fast allen Seiten zu beobachten, vor allem aber ist es die gegenwärtige reiche Vogelwelt, die mich zu ihnen lockt. Und so bin ich fast täglich vor Ort. Der 24. August sollte für mich zu einem großartigen Naturtag werden.

Pirsch am Angerteich

Ich parke am Angerteich, gut getarnt, und suche mit dem Fernglas diesen ab. Zu sehen bekam ich sieben Silber- und zwei Graureiher. Die Zahl der Stockenten liegt geschätzt bei 50 bis 60, die der Blässhühner beträgt 60 bis 70 und ist damit ungewöhnlich hoch. Dafür gibt es einen guten Grund: Der Angerteich ist mit Karpfen besetzt und erhält deshalb Weizen als Fischfutter. Für die Blässhühner ist das natürlich ein »gefundenes Fressen«.

Von den Feldern fliegen die ersten Graugänse mit Begrüßungsgeschrei ein, wodurch der Teich eine lebensfrohe Stimmung erhält. Schon über eine Stunde sitze ich im Autoansitz und fühle mich als ein Teil des Gewässers. Ich sehe die Reiher auf die Bäume fliegen und aus dem Erlenbruch mächtige Tiergestalten in das Flachwasser des Teiches wandern. Ich bekomme Zeit zum Schauen und zum Zählen, das bei zwölf Wildschweinen endet. Sie nehmen Wasserpflanzen auf, fressen junges Schilf und die Blätter von Weidensträuchern. Zu erkennen sind sechs Altsauen und sechs Überläufer im braunen Haarkleid. Eine solche Bebobachtung zur Tageszeit, so offen und über eine halbe Stunde, hatten mir die Wildschweine bisher noch nicht gewährt.

Die Schweine verschwanden wieder im Bruch. Die Sonne hatte jetzt das Auto im Visier, heizte es auf, und so wechselte ich den Standort mit dem Blick zu einer rastenden Schwanenfamilie. Ich erlebe eine einzigartige Handlungsweise der Schwanenmutter, so glaube ich diese zu deuten: Sie hat einen ihrer Flügel wie einen Schirm ausgebreitet und schützte damit mehrmals das neben ihr schlafende Junge vor der Sonne. Ähnliche Aktivitäten sind zum Beispiel von den Weißstörchen bekannt.

Die Graugänse (Foto unten) wechseln die Teiche. Der Storchteich wird jetzt zu ihrem Rastteich. Jede Guppe, die den Teich erreicht, begrüßt mit Freude die bereits Ruhenden, die ihnen antworten, sodass der fröhliche Lärm noch eine Weile anhält. Mein Zählergebnis für die Graugänse lautet 234 (S. 137 oben).

Es ist auch das einzige Gewässer im zehnfachen Teichkomplex, wo sich seit Monaten 120 Kiebitze aufhalten, die leider nicht hier brüten. Heute sind auch die Stockenten zahlreich, die wie alles Wassergeflügel in der Mauser sind. Deren Daunenfedern werden zu Segelschiffen. Vom Winde angetrieben, eilen sie kreuz und quer übers Wasser oder stranden am Ufer als weißer Streifen.

Mein stilles, langes Warten gewährte mir einen Anblick, märchenschön, blauschimmernd: Der Eisvogel (Foto links unten). Ein Strauch im Teich wurde seine Sitzwarte.

Erstmals durchstocherten drei Bekassinen den Schlamm. Ich bin mir sicher, es werden noch weitere Watvögel einfliegen.

Die Stieleiche in meiner Nähe am Dammweg ist reich mit Eicheln bestückt. Wiederholt fliegen dort Eichelhäher ein. Ich seh sie mit Eicheln im Schnabel davonfliegen oder diese verschlucken. Sie denken bereits jetzt an den Winter und legen sich einen Vorrat an. Deshalb werden sie auch zu einem Gärtner, denn so manches Eichelversteck wird vergessen und irgendwo wächst dann ein Eichensprössling heran.

Die Kiebitze (Foto rechts) haben sich den Storchteich ausgewählt.

Pflanzaktionen von NABU, BUND und Fachgruppe Biberschutz

Zu den nachhaltigen Aktivitäten der Mitglieder der Fachguppe Biberschutz und des NABU sowie die des BUND zählen die von ihnen fast jährlich durchgeführten Pflanzaktionen in der Region. Damit diese Maßnahmen zur Erhaltung von Natur und Landschaft nicht vergessen werden, wurde eine Vielzahl in das Buch aufgenommen.

Seit 1998 sind Pflanzaktionen der Torgauer NABU-Gruppe fester Bestandteil ihres Jahresprogramms. Ziehen wir für diese Aktivitäten die Bilanz, so können 38 Pflanzungen mit Bäumen und Sträuchern in der Region Torgau festgehalten werden. Auf der ersten großen Pflanzung im Jahre 1998 im Naturschutzgebiet Alte Elbe Kathewitz brachten 36 Teilnehmer 85 Stieleichen in die Erde, wobei jeder Baum durch Pfähle und Draht geschützt wurde. Der wichtigste Pflanzort sollte auch über Jahre die Alte Elbe Kamitz/Kathewitz mit insgesamt zwölf Pflanzungen werden. Neben großen Pflanzungen sind auch eine Vielzahl kleine zu nennen, z.B. mit 10–15 Bäumen. In dem Naturschutzgebiet mit seiner Alten Elbe wachsen heute Flatterulmen, Stieleichen sowie Weiden und Mandelstrauchweiden. Das Pflanzgut der Sträucher konnte aus dem NSG gewonnen werden. Es ist als Nahrung für die Biber wichtig.

Mehrere Pflanzungen wurden ebenfalls mit den gleichen Baumarten im Alte Elbe-Gebiet Werdau realisiert. Hinzu kamen Schwarzpappeln, die den Vorteil besitzen, resistent gegen den Befall der Mistel zu sein.

Weitere Pfanzaktivitäten gab es am Großen Teich Torgau am Ellergraben mit Weiden und im Gebiet der Melpitzer Wiesen. Wenn ich hier entlang wandere, begrüßen mich in langer Reihe hohe weitausladende Weiden. Auch die Streuobstwiese am gleichen Teich bekam 20 neue Obstbäume.

Als der NABU acht Hektar Ackerland bei Dommitzsch erwarb, um die Konflikte mit den Bibern zu lösen, wurde mit Pflanzungen von Strauchweide und Weidenbäumen an diese gedacht.

Nicht unerwähnt sollen die umfangreichen Weidenpflanzungen am Mahitzschener Graben sowie am Zittelbach bleiben; vor allem an Letzterem entstand mit 96 Kopfweiden eine großartige »Baumallee«.

Von den 38 Pflanzaktionen habe ich eine aus dem Naturschutzgebiet Alte Elbe Kathewitz ausgewählt, die in ihrer Ausführung typisch für alle großen Pflanzungen der Naturschützer ist. An diesem Tage wurden von 23 Akteuren des NABU sowie des BUND Sal-Weide sowie Mandelweide gepflanzt. Wie die Aufnahme mit dem herangewachsenen Weidengehölz beweist, ist die Maßnahme bestens gelungen.

In den letzten Jahren unterstützte der Landschaftspflegeverband das Pflanzgeschehen durch die Bereitstellung von Pflanzmaterial. Organisator und Umsetzer der Pfanzmaßnahmen ist seit 2010 die Fachgruppe Biberschutz.

Nachwort

Die letzte Pirsch für mein Tagebuch versetzte mich in eine zweigeteilte Stimmung: wehmütig und frohgemut. 35 Jahre bestimmte der Naturschutz meine Arbeit, war und ist er Antrieb und Motivation für jeden Tag. In dieser Zeit werden die Bennewitzer Teiche, die Melpitzer Wiesen und der Große Teich Torgau die wichtigsten Orte für meine Ausflüge. Ihnen habe ich bereits in zwei Büchern ein Loblied gesungen.

Die Aufbruchstimmung nach der Wende eröffnete die Chance, den Naturschutz, vor allem die ehrenamtliche Tätigkeit, zu beleben. Sie waren für mich Anlass, Mitglied des NABU zu werden und den Vorsitz (zehn Jahre) sowie die Leitung der Fachgruppe Biberschutz zu übernehmen. Eine strategische Entscheidung für den Naturschutz bedeutete die Übernahme des Fischereihauses als Naturschutzstation Biberhof Torgau 1993. Damit gelang es gute Bedingungen für die Durchsetzung von Naturschutz und Umweltbildung in der Region zu schaffen.

Bunte Sommerzeit

Mit Steinbrech beginnt
das Frühlingserwachen,
bis zum Horizont reckt sich
ihr Glöckchenweiß.
Feldgrillen vor ihren Häusern wachen,
jetzt ist ihre Musikantenzeit.

Die Wiese zeigt ihr schönstes Kleid
zur bunten Sommerzeit.
Lauf hin, wirf dich hinein
mit lautem frohem Schrei.

Ich hör des Sommers Melodie
zur frühen und zur späten Stunde.
Hier ist ein Platz für Frohsinn,
ein Kuss von deinem Munde.

Das Blumenkleid ist gestickt
mit tausend bunten Farben.
Der Sommer prangt im Blütenmosaik,
Die ganze Insektenwelt will sich daran laben.

Gekommen ist die Zeit der Wiesendüfte.
Labkraut, Wasserminze, Mädesüß
schütten ihre Blüten aus.
Der Wind trägt ihre Honigdüfte
weit ins Land hinaus.

Der NABU und der Biberhof feierten ihren 25. Geburtstag

Die wegen Corona verschobene Veranstaltung zum 25-jährigen Geburtstag der Naturschutzstation Biberhof Torgau fand am 11.06.2022 eine gute Resonanz. Das Programm für den Festtag war so organisiert, dass die Teilnehmer sowohl am Vormittag als auch am Nachmittag einen Vortrag auswählen konnten. Aber auch an beiden teilzunehmen, war natürlich möglich.

Nach der herzlichen Begrüßung durch den ehemaligen Leiter des Biberhofes, Gottfried Kohlhase, übernahm dieser für eine gute Stunde das Wort. In seinem Rückblick war Erstaunliches zu sehen und zu hören. Von 1993 bis Anfang 1995 bauten 40 Aufbauhelfer ein heruntergekommenes und stark reparaturbedürftiges Wohnhaus zu ihrem Zuhause, der Naturschutzstation Biberhof Torgau, aus. A- und O-Rufe konnte man hören, als Schritt für Schritt zu sehen war, wie das ehemalige Wohnhaus von unten bis oben umgestülpt wurde. Zum Glück für das Vorhaben waren die notwendigen Handwerker,

wie Maurer, Maler, Zimmerer und Schlosser, im Ausbaukollektiv des Vereins vorhanden. Zur Seite stand ihnen Bauingenieur Horst Lorenzi.

Erinnert wurde auch an die Eröffnungsveranstaltung im kleinen Festsaal des Rathauses Torgau am 18.02.1995, zu der der ehemalige sächsische Umweltminister Arno Vaatz und der NABU Präsident Deutschlands, Jörg Flasbarth, die Festreden hielten.

In den ersten Jahren herrschte eine begeisterte Aufbruchstimmung im Naturschutz. Die Chance, im breiten Umfang Naturschutz zu verwirklichen, war noch nie so groß wie zur Wendezeit. Der Verein, der NABU, nutzte diese Möglichkeiten weitestgehend. Dazu zählen, wie im Vortrag nachgewiesen, der Erwerb von 57,4 Hektar ökologisch wertvoller Fläche (fünf Teiche) im Trossiner Raum, der Ausbau von über 16 ehemaligen Trafostationen für Vögel und Fledermäuse sowie die Schutzaktivitäten für Biber und Störche durch die jeweiligen Fachgruppen. Herauszustellen sind die seit 1998 jährlich organisierten Pflanzaktionen in der Torgauer Region, die meist gemeinsam mit dem BUND realisiert wurden. Heute wachsen an vielen Orten prächtige Ulmen, Eichen, Weiden oder Obstbäume, die bereits die Landschaft prägen.

Die Umweltbildung stand von Anfang an im Mittelpunkt der Aktivitäten der Naturschutzstation. Das vielseitige Angebot in Form von Projekttagen und -wochen, Naturexkursionen, Vorträgen und Familientagen ließ keinen Wunsch offen, die heimatliche Natur hautnah und in ihrer Schönheit zu erleben. 2 000 Besucher im Jahr waren keine Seltenheit.

Nach dem bilder- und wortreichen Vortrag zur Geschichte des Biberhofes und zu wichtigen Ergebnissen im Naturschutz war es Zeit für das Mittagessen, das die jetzige

Leitung mit ihren Mitstreitern mit viel Liebe und großem Aufwand vorbereitet hatte. Das Grillangebot in Form von Steaks, Bratwurst, Kartoffelsalat und Fischsuppe war allen sehr willkommen. Ein Danke gilt den Torgauer Fischern für die gesponserte Fischsuppe.

Zu einer fröhlichen Runde wurde anschließend die Tombola, die von Jan Schöne, Leiter des Biberhofes, und seinem vierzehnjährigen Sohn Mattes mit Humor, Witz und lustigen Einfällen gestaltet wurde. Das Glücksrad und die gezogene Nummer entschieden über den Gewinn. Der Abräumer des Tages war Ulla Hoyer, die geich drei Preise gewann.

Der Vortrag am Nachmittag widmete sich dem Großen Teich. Nach der Darlegung von dessen Geschichte und Nutzung als Fischgewässer rückte Gottfried Kohlhase die Natur in den Mittelpunkt, die anhand der Jahreszeiten erläutert wurde. Zu sehen waren die schönsten Aufnahmen, die innerhalb der letzten 30 Jahre im Gebiet entstanden sind. So gab es z. B. Aufnahmen zu bestaunen, die einzigartig sind und die in der Natur bis heute auch noch keine Wiederholung erlebten. Dazu zählen die Vereisung der Böschung des Teichdammweges, die mit tausenden Eiszapfen behangen war (1993), und die wellenartig abgelegten sowie aufgetürmten Eisschollen (1997) im Abflussbereich des Teiches.

Nach dem Vortrag, zu dem sich weitere Besucher gesellt hatten, wurde zum Kaffee mit dem inzwischen berühmten selbstgebackenen Streuselkuchen des Biberhofes aufgerufen.

Dank

Zu danken habe ich meiner Frau Irmgard, die jede Seite des Pirschtagebuches kritisch durchgesehen, und meinem Sohn Falk, der dieses digital bearbeitet hat. Sie an meiner Seite zu wissen ermutigte mich das Pirschtagebuch anzufertigen.